엄마는
아이의
미래다

엄마는 아이의 미래다

1판 1쇄 발행 2014년 5월 28일

지은이 이화자
펴낸이 송지은
펴낸곳 청조사
등록 1-419(1976.9.27)
주소 136-074 서울 성북구 안암로5길 22(안암동 4가 41-3) 청조사빌딩 4F
전화 (02)922-3931~5 **팩스** (02)926-7264
이메일 chungjosa@hanmail.net **홈페이지** www.chungjosa.co.kr

편집 윤경선 **마케팅** 최진욱 정기환
제작 문덕인쇄

ISBN 978-89-7322-350-3 13590

국립중앙도서관 출판시도서목록(CIP)

엄마는 아이의 미래다 / 지은이: 이화자.	— 서울 : 청조사, 2014
ISBN 978-89-7322-350-3 13590 : ₩13000	
자녀 양육[子女養育] 자아 존중감[自我尊重感]	
598.1-KDC5 649.1-DDC21	CIP2014014110

엄마는 아이의 미래다

자녀교육 전문가 이화자 지음

청조사

차 례

아이는 믿는 만큼 자라고, 자존감의 양만큼 행복하다

새벽 창가, 봄비가 마음을 두드린다. 나뭇가지마다 꽃망울이 자신의 모습을 드러내기 위해 작은 몸짓을 시작한다. 춥고 긴 겨울이 언제였냐는 듯 이제 봄은 아름답고 예쁜 색깔로 서서히 다가오고 있다.

내게도 겨울처럼 어두운 시절이 있었다. 학교에서 공부 잘하는 모범생으로 선생님의 칭찬을 한몸에 받았지만, 내 마음은 늘 우울하고 외로웠다. 문제는 자존감, 즉 자기 가치와 자신감으로 대변할 수 있는 낮은 자아 존중감 때문이었다. 역기능적 가정에서 감정의 지지와 격려를 받지 못하고 자란 나의 어린 시절은 상처로 얼룩져 있다.

"너희만 아니었으면……. 네 아버지 만나서 내가 이렇게 평생 고생하는구나."

많은 엄마들이 그렇듯 친정엄마에게 받은 낮은 자존감이 나에게도 영향을 미쳤다. 그러나 그것을 내 아이에겐 되물림하지 않으려 노력했고, 그 덕분에 다른 사람보다는 긍정적이고 편안한 마음으로 내 아이를 바라볼 수 있게 되었다.

유아기에 형성된 자존감은 그 사람의 일생을 좌우할 만큼 중요하다. 그래서 엄마는 아이에게 끊임없이 사랑스러운 눈맞춤을 하고 애정을 표현해야 한다. 이런 환경에서 자란 아이의 자존감은 높고 미래도 밝다. 하지만 엄마의 자존감이 낮으면 아이에게 긍정적인 자극을 주기 어렵다. 작가 딕포스는 이렇게 말했다.

"가슴 밑바닥에서 우리는 모두 사람들이 좋아하고, 사랑받을 만한 가치가 있고, 다른 사람에게 존귀한 존재라고 믿고 싶어 한다."

이런 바람에도 불구하고 유교 사상이 뿌리 깊은 우리나라에서 대부분의 여성들은 자신의 가치를 존중 받지 못하고 살아왔다. 이는 결국 성인이 된 뒤에도 자존감 낮은 엄마가 되게 만들었고, 자신의 아이에게까지 낮은 자존감을 되물림하는 안타까운 결과를 낳고 말았다. 본인이 존중 받지 못하고 자랐기 때문에 자녀에게도 자존감을 심어주지 못한 것이다.

모든 아이는 장단점을 동시에 지니고 있다. 다만 그것을 어떤 눈으로 보느냐에 따라 장점이 많은 아이로 비춰질 수도 있고 단점이 많은 아이로 비춰질 수도 있다. 자존감이 높은 부모는 아이의 장점을 주로 보고, 자존감이 낮은 부모는 아이의 단점을 주로 본다. 아이도 마찬가지다. 자존감이 높은 아이는 자신의 실수와 단점에 대해 관대하다. 하지만 자존감이 낮은 아이는 자신의 실수와 단점에 대해 너그럽지 못하다.

부모라면 누구나 자녀가 행복하게 살기를 원한다. 그리고 누구보다도 자녀를 사랑한다고 말한다. 그렇다면 어떻게 해야 내 아이가 행복하게 살 수 있을까? 정답은 자존감이 높은 아이로 키우는 것이다. 세계적인 대문호 헤밍웨이는 노벨문학상까지 받은 뛰어난 문학가였지만 완벽주의적인 부모 탓에 자존감이 낮은 성인으로 성장했다. 결국 엽총을 입에 문 채 방아쇠를 당겨 스스로 비참한 최후를 선택했다. 반면 《오체불만족》으로 유명한 오토다케 히로타다는 해표지증, 즉 선천적으로 사지가 잘린 상태로 태어났다. 그러나 그의 부모는 아이의 장애를 쉬쉬하지 않고 이웃에게 알리며 편견 없이 키웠다. 부모의 관심과 격려 속에 그는 누구보다 행복한 성인으로 성장했다.

그렇다면 어떻게 해야 자존감이 높은 아이로 키울 수 있을까? 아이를 있는 그대로 받아들이고 인정하면 된다. 조금 부족해도 괜찮다. 실수해도 괜찮다. 아이의 실수와 부족함을 비난하지 않고 조금 더 발전할 다음을 기대하며 그대로 인정하는 것이 부모의 역할이다.

가정은 아이가 행복하게 자라나는 숲이다. 숲을 가꾸는 엄마가 행복해야 아이도 행복하다. 그리고 행복한 엄마는 자존감이 높다. 결국 엄마의 자존감이 아이의 성공과 미래를 좌우한다.
"황무지에 꽃이 자랄 수 있다고 믿을 때, 엉겅퀴를 뽑고 그곳에 꽃을 심는 사람이라고 나를 기억해 달라."
미국 16대 대통령 링컨의 말이다.

아이의 가능성을 믿고, 황무지에 엄마의 자존감을 먼저 심으라. 아이는 믿는 만큼 자라고, 자존감의 양만큼 행복하다. 향기로운 꽃으로 피어나 세상을 밝게 하는 아이로 키우려면 엄마가 먼저 변해야 한다. 대한민국의 모든 엄마가 자존감을 높여 아이의 미래를 바꾸는 데 조금이나마 도움이 되기를 바란다.

2014년 새봄

이화자

1장

자존감은
대물림된다

"내가 이미 수천 번도 넘게 말했지만, 나는 이 자리에서 한 번 더 말하고 싶다. 세상에서 부모가 되는 일보다 더 중요한 직업은 없다."

미국의 유명한 토크쇼 진행자 오프라 윈프리의 말이다.

그녀는 부모가 되는 일을 '직업'이라고 표현했다. 나는 초등학교 교사가 되기 위해 교육대학교에서 교직 과목을 이수하고 교원자격증을 취득했다. 지금은 예전과 달라 교육대학을 졸업했다고 해서 바로 초등학교 교사가 되는 것이 아니라 임용시험에 합격해야만 발령을 받을 수 있다.

과거 일본의 한 아동학 전문가는 "부모가 되고자 하는 사람에게 국가시험을 치르게 해야 한다. 그래서 합격한 사람에게만 부모 자격을 부여해야 한다."고 말했다. 부모의 중요성을 강조한 말이겠지만 국가시험만큼 어려운 것이 부모 노릇인 것만큼은 부인할 수 없다.

그러나 누가 나에게 "당신은 부모가 되기 위해 어떤 준비를 했는가?"라고 묻는다면 부끄럽게도 아무 대답을 할 수 없다. 결혼하면 행복할 줄 알았고, 부모가 되는 것 또한 당연한 일인 줄 알았지 그런 엄청난 난코스가 기다리고 있을 줄은 꿈에도 몰랐기 때문이다.

그래도 내 품에 안겨 꼬물거리며 그 작은 입으로 젖을 빨던 순간은 최고의 행복이었다. 그런 아이를 보며 다짐했다. 누구보다 좋은 부모가 되리라고. 하지만 아이가 점점 커 가면서 좋은 부모가 되기는커녕 부모 노릇 자체가 힘겨워졌다. 아장아장 걸음마를 하던 아이가 초등학교에 입학한 뒤에는 '우리 아이가 옆집 아이보다 공부를 잘했으면', '천재처럼 뛰어났으면' 하는 욕심이 하나둘 늘어나기 시작했다. 아이의 존재를 그대로 인정하기보다 내가 원하는 아이로 자라길 기대했던 것이다. 그것이 아이를 위한 사랑이라고 믿었다.

나는 수많은 학부형을 만나면서 아이에 대한 지나친 기대가 오히려 아이가 가진 잠재력의 싹을 자르고 자존감을 낮출 수 있다는 사실을 알고는 마음이 불편했다. 부모 입장에선 아이의 행복을 바란다지만 아이는 부모의 그런 기대가 부담스럽고 스트레스일 뿐이다. 아동기를 불행하게 보낸 아이는 성장해서도 절대 행복하지 않다. 그렇다면 우리 아이는 정말 행복할까?

부모에 의해 행복을 잃어버린 아이들의 행복도는 통계로 여실히 증명되고 있다. 2013년 한국 아이들의 행복지수를 조사한 결과를 보면 OECD경제협력개발기구 회원국 가운데 최하위다. 방정환재단과 연세대 사회발전연구소가 전국 초등학교 4학년부터 고등학교 3학년 학생을 대상으로 진행한 '어린이 · 청소년 행복지수 국제비교' 설문조사 결과 또한 한국 어린이와 청소년들이 행복하다고 느끼는 주관적 행복지수는 72.54점으로, OECD 23개국 가운데 최하위를 차지했다. 방정환재단이 2006년 유니세프 보고서를 기준으로 실태조사를 한 결과를 보아도 우리나라는 매년 행복도 꼴찌를 기록하고 있다. 더 충격적인 것은 초등학생 7명 중 1명, 고등학생 4명 중 1명은 가출 및 자살 충동을 느낀 적이 있다고 대답했다는 것이다. 또 초 · 중 · 고 학생 10명 중 7~8명은 부모와의 갈등 때문에 가출 충동을 경험했고, 부모와의 갈등은 자살 충동 경험 이유 중에서도 가장 높은 비율을 차지했다. 문제는 이 사실이 지표상으로만 나타나지 않는다는 점에서 더 심각하다. 2013년 5월 여성가족부와 통계청이 공식적으로 발표한 자료를 보면, 우리나라 청소년의 자살 원인 1위는 고의적 자해, 즉 자살이다.

우리나라의 암울할 수밖에 없는 미래를 보여주는 자료가 아닐 수 없다.

지난 학기에 이런 메일을 받은 적이 있다.

"제 아들은 초등학교 4학년입니다. 반장인데 어느 날부턴가 머리가 아프다며 학교엘 가지 않으려 했습니다. 처음에는 정말 아픈 줄 알았는데 그 이튿날도 학교에 가지 않겠다고 하는 겁니다. 간신히 달래서 물어보니 왕따를 당하고 있다고 하더군요. 성격이 밝고 명랑해서 지금까지 계속 학급 임원을 하고, 한 번도 이런 일이 없었던 아이입니다. 저에게 이런 일이 있으리라고는 생각도 못했어요. 어떻게 해야 하죠? 담임선생님을 찾아가 봐야 하나요?"

나는 이렇게 답장을 보냈다.

"선생님을 찾아뵙고 상담을 하는 것도 중요하겠지만 먼저 아이의 아픈 마음을 공감하고 어루만져 주시기 바랍니다. 아이가 마음의 문을 열고 안정을 되찾으면 따돌림을 당하는 원인에 관해 얘기해 보세요. 따돌림을 하는 아이에게도 문제가 있겠지만, 혹시 자녀에게도 문제가 없는지 돌아보고 고칠 것이 있으면 고칠 좋은 기회로 삼는 것이 바람직하다고 생각합니다."

이렇게 답장을 보내긴 했지만 해결책이 말처럼 간단한 일은 아니라는 걸 나도 잘 알고 있었다. 중요한 것은, 해결책에도 원칙이 있어야 문제에 쉽게 접근할 수 있다는 것이다.

아이를 키우면서 느끼는 행복과 보람은 저절로 만들어지지 않는다. 《이방인》의 작가 알베르 카뮈도 "행복은 그 자체가 인내"라고 정의했다. 행복은 기다린다고 해서 저절로 오지 않는다. 끊임없는 노력과 인내가 있어야만 온다. 호수 위에 떠 있는 우아한 백조가 사실은 물속에서 맹렬한 발차기를 하듯 부모는 끊임없이 아이에게 사랑을 주고 관심을 기울여야 한다.

아이 인생의 모든 영역을 결정하는 것은 '자존감'이다. 자존감은 글자 그대로 풀이하면 '자신을 존중하는 마음'이며, 심리학적으로 보면 '자신의 가치를 인정하고 사랑하는 마음'이라 할 수 있다. 미국 하버드 대학 교육학과의 조세핀 킴 교수는 "자존감은 성공적인 인생을 살아가는 데 꼭 필요한 핵심 요소 중 하나다. 기본적으로 우리 자신에 대한 신념들의 집합이다. 자존감의 가장 중요한 핵심 두 가지는 자기 가치와 자신감이다. 자존감은 학업뿐 아니라 삶의 모든 영역에 영향을 준다."고 말했다. 아동상담 전문가 이영애 박사도 "자존감은 자기 가치감, 유능감, 자신에 대한 호감이다. 이것이야말로 자신을 제대로 사랑하는 방법이다."라는 말로 자존감의 중요성을 강조했다.

자존감이 높은 아이는 늘 마음속으로 '나는 소중한 사람'이라는 생각을 한다. 그래서 말과 행동이 가볍지 않고 친구 관계가 원만하며 새로운 과제에 대해 성공을 예상하는 경향이 있다. 실수를 하더라도 핑계를 대거나 책임을 피하려 하지 않고 실수를 만회하기 위해 더 많은 노력을 기울인다. 책임감과 배려심이 있으며, 어려움이 닥쳐도 자신의 능력을 믿고 도전하여 행복한 미래를 설계해 나가는 가능성이 높다는 것도 자존감이 높은 아이의 특성이다. 반대로 자존감이 낮은 아이는 매사에 짜증을 잘 내고 공격적이거나 지나치게 소심한 경향을 보인다. 조금만 힘이 들어도 쉽게 포기하며, 실수했을 때도 자신의 실수를 인정하지 않고 책임을 회피한다. 또한 새로운 것에의 도전을 힘들어하고 친구 관계가 원만하지 못하다.

대부분의 엄마들은 아이의 성적이나 친구 관계에는 관심을 쏟으면서도 아이의 자존감에는 별 관심이 없다. 자존감에 대해 잘 모르거나 중요성을 인식하지 못하고 있기 때문일 것이다. 하지만 유아기에 형성된 자존감은 그 사람의 일생을 좌우할 만큼 중요하다. 그래서 엄마는 아이에게 끊임없이 눈을 맞추고, 애정 표현을 하고 스킨십을 통해 자극을 주어야 한다. 이렇게 자란 아이는 '나는 사랑받는 존재다', '이곳은 안전하다'라고 생각하여 자존감이 높아진다.

문제는 엄마의 자존감이 낮은 경우다. 특히 친정엄마에게 상처를 많이 입은 엄마는 자신의 아이에게도 긍정적인 자극을 주기가 힘들다. 그래서 자신도 모르는 사이에 아이에게 상처 주는 말을 하고, 그로 인해 아이는 자존감에 상처를 받는 악순환이 계속된다. 엄마가 행복하기를 바라는 만큼 정말 내 아이 행복할까?

자존감은
유전자처럼
대물림된다

○

○

아이를 키우는 일은 심적으로나 육체적으로나 매우 힘든 일이다. 온갖 정성과 노력, 헌신이 요구되기 때문이다. 그래서 혹자는 "아이를 키우는 일은 조금씩 미쳐가는 일"이라고 했다. 말하자면 엄마는 아이를 키우면서 행복해지기를 원하지만, 자신이 원하는 삶을 살지 못하는 것에 대해 내적 불행을 맛본다는 것이다. 그런데 이 내적 불행은 어릴 적 친정 부모에게 받은 양육 방식과 그때 경험한 불행감과 관련이 있다고 한다.

EBS에서 기획한 〈마더쇼크〉는 라는 프로그램이 있었다. '모성의 대물림'에 관한 내용으로 많은 엄마들의 마음을 울렸는데, 내

용은 이렇다. 그동안 기억 속에 잠자고 있던 트라우마^{trauma}, 즉 친정엄마에게 받았던 상처가 아이를 키우는 순간순간 어린 시절의 나와 지금의 나와 겹친다. 어린 시절에 풀지 못한 분노를 내 아이에게 품게 된다. 아무런 대책도 없이 속수무책 당하는 아이가 안쓰러운 한편 그런 행동을 하는 내가 밉다. 어떤 때는 아이가 내 어린 시절을 닮아 가는 것 같아 아이가 싫어지기도 하고, 나에게 상처를 준 친정엄마가 원망스럽기도 하다.

놀라운 사실은 엄마는 행복을 누리고 싶어 하지만 아주 가끔이라도 어린 시절부터 가지고 있던 익숙함을 지키기 위해 어떠한 형태로든 불편한 상태를 만들려고 노력한다는 것이다. 자신이 선택해 고통을 겪는다 생각하지 못하고 늘 그래 왔던 익숙한 상황 속에서 변화를 꿈꾸지 않는다. 그리고 이 익숙함은 부모에서 아이에게로 고스란히 대물림된다고 미국 시카고 대학의 마사 하이네만 피퍼^{Martha Heineman Pieper} 교수는 그의 저서 《내적 불행》에서 밝힌 바 있다. 이런 엄마는 아이를 키우면서도 끝없는 불안과 죄책감을 경험하기 때문에 엄마와 아이에게 모두 부정적 감정을 유발한다.

엄마가 이성을 잃고 화를 내며 아이를 따뜻하게 안아주지 못하는 것은 어릴 적 친정엄마가 자신에게 했던 행동과 말을 무의식적으로 내 아이에게 전달하기 때문이다. 엄마에게 이렇게 양육 받은 아이는 자존감이 낮을 수밖에 없다. 이렇게 자존감이 낮은 아이는 교육학적 용어로 '부정적인 자아상'을 갖게 된다.

"난 잘할 수 없어, 그 일은 아무나 할 수 있는 게 아니야."

부정적인 자아상을 가진 아이는 하고 싶은 일이 있어도 망설이는 경우가 많고, 설령 시작하더라도 쉽게 포기한다. 성공한 경험보다 실패의 경험이 더 많으므로 열등의식을 갖게 된다. 이런 아이는 결국 성인이 돼서도 불행한 인생을 살 가능성이 높다.

반대로 긍정적인 자아상을 가진 아이는 다르다. 마음속에 늘 '나는 할 수 있다'는 긍정적인 생각이 가득 차 있기 때문에 자신이 하고 싶은 일에 의욕적으로 도전하고 여간해서 포기하지도 않는다. 게다가 다른 사람을 배려할 줄 알고, 삶을 주도적으로 이끌 줄도 안다.

미술치료학자 매코버의 '자화상 그리기' 실험을 보자.

12명의 초등학생에게 스스로 생각하는 자신의 모습, 즉 자화상을 그려보게 했다. 그림을 그리는 방법과 종이, 도구는 아이가 결정하도록 했다. 준비된 도화지는 16절지, 8절지, 4절지이고, 그리기 도구는 파스텔, 크레파스, 물감, 색연필, 연필, 매직볼펜이다. 실험이 시작되자 아이들은 각자 종이와 도구를 선택해 그림을 그리기 시작했다. 어떤 아이는 커다란 종이 위에 자신을 커다랗고 진하게 그렸다. 반면 어떤 아이는 작은 종이에 연필의 가는 선을

이용해 희미하게 그렸다.

두원공과대학 아동복지학과 홍은주 교수는 아이들의 그림을 이렇게 설명했다. "신체 외모는 8~12세 아이들에게 가장 영향을 미치는 요소다. 아이들이 그린 '자신의 모습'에는 자신에 대한 신체 이미지뿐만 아니라 심리적으로 자아를 어떻게 느끼는지도 함께 담겨 있다. 아이들의 그림은 어떤 크기의 종이를 선택했는지, 그리고 그 안에 어떤 모습으로 어떤 크기로 자신을 묘사했는지, 그리고 어느 정도 진하게 아니면 흐리게 그렸는지, 다양한 색을 사용했는지, 운동성은 어떤지 등 전체적인 인상을 함께 관찰하게 된다."

실험 결과에 의하면, 자존감이 높은 아이는 밝은 색을 이용해 자신을 크고 또렷하게 그리는 반면, 자존감이 낮은 아이는 작고 희미하게 그린다고 한다. 자신을 대단하다고 생각하는 아이와 보잘것없다고 생각하는 아이가 존재하는 이유도 아이들이 가진 '자존감'의 차이 때문이다. 이처럼 아이에게 자존감만큼 중요한 것은 없다. 조세핀 킴 교수는 "자존감은 학업뿐 아니라 삶의 거의 모든 영역에 영향을 준다."고 강조한다. 아이의 높은 자존감은 그만큼 아이를 행복하게 한다는 의미다.

아이의 높은 자존감은 부모의 자존감으로부터 이어진다. 미국의 심리학자 윌리엄 제임스^{William James}는 1892년에 "우리 삶이 일정한 형태를 띠는 한 우리 삶은 습관 덩어리일 뿐이다. 실리적이고 감정적이며 지적인 습관들이 질서 정연하게 조직화하여 우리의 행복과 슬픔을 결정하며, 우리 운명이 무엇이든 간에 우리를 그 운명 쪽으로 무지막지하게 끌어간다."고 말했다. 우리가 매일 반복하는 선택들이 대부분 습관이라는 것이다. 심지어 엄마가 아이에게 하는 행동과 말도 습관이라고 주장한다.

이제 무지막지하게 우리를 무의식 속에서 운명 쪽으로 끌어가는 습관, 즉 유전자처럼 이어지는 대물림을 의식적으로 끊어야 한다. 우리가 의식만 한다면 변화는 얼마든지 가능하다.

남자 형제들 사이의 유일한 딸인 미경 씨는 친정엄마에게 많은 사랑을 받지 못하고 자랐다. "넌 계집애가 그거밖에 할 줄 모르니?", "쯧쯧, 내 그럴 줄 알았다!"와 같은 말을 자주 들으며 남자 형제와 비교당하기 일쑤였다. 그녀는 친정엄마와의 기억을 떠올리면 안 좋은 것들만 생각난다. 특히 아들이 마음에 안 드는 행동을 할 때 어린 시절의 기억이 떠올라 아들에게 화를 내고 호되게 야단을 치게 된다.

사랑 받지 못하고 자란 엄마의 경험이 아들에게 부정적으로 대물림된 예다. 냉정하고 무뚝뚝한 엄마, 폭력적인 아빠 밑에서 자란 사람은 아이에게 다정다감한 엄마가 되기 힘들다. 자기도 모르는 사이에 습관적으로 아이에게 신경질을 내고 내가 받았던 것을 아이에게 그대로 표현한다. 이는 '공감 뉴런'이라고 불리는 거울신경세포에 치명적 영향을 끼쳐 타인의 감정을 자신의 감정과 똑같이 느끼기 때문이다. 이러한 대물림의 악순환을 겪고 있다면 나에게 문제가 있다는 것을 인식해야 한다. 그리고 친정엄마가 살아온 시대를 이해하려고 노력해야 한다. 그런 다음엔 부정적인 대물림을 끊어야겠다는 의지와 결심을 해야 한다. 그렇지 않으면 내 아이 역시 나와 마찬가지로 무거운 상처를 안고 살아야 한다.

엄마가 하는 말과 행동, 표정은 무의식중에 아이의 마음속에 각인된다. 내 아이 얼굴에 작은 생채기가 나도 마음이 아픈 게 부모다. '혹시 저 상처가 지워지지 않고 자국이 남아 흉이 되면 어쩌나?' 싶기 때문이다. 하지만 이렇게 눈에 보이는 상처보다 더 신경 써야 할 것은 바로 마음의 상처인 '트라우마'다. 먼저 엄마 자신의 트라우마를 어루만진 뒤 과거로 돌려보내자. 부족하고 실수 많은 엄마라도 있는 그대로의 모습을 스스로 인정하자. 자존감은 내 아이 인생의 모든 것을 결정한다. 내 아이의 자존감을 결정하는 요인에 가장 강력한 영향력을 끼치는 존재가 부모, 바로 당신임을 잊어서는 안 된다.

부정적 애착 경험은 아이이게 치명적이다

우리는 좋지 않은 경험이나 기억에 대해 말할 때 '트라우마가 있다'고 한다. 자신의 트라우마가 무엇인지 아는 사람도 있지만, 자신도 모르게 무의식중에 트라우마를 안고 사는 사람도 있다. 우리는 일생을 통해서 다양한 애착 관계를 경험하는데 어릴 때는 부모와의 관계를 통해서, 결혼 후에는 배우자를 통해서, 그리고 나이가 들어서는 자식을 통해서다. 나이를 떠나 안정적인 애착 관계를 갖는 것은 인생의 든든한 안식처가 있는 것과 같다.

'애착'은 1958년 영국의 심리분석가 보울비^{Bowlby}가 처음 말한 개념으로, '인간이 특정한 타인에게 강한 정서적 유대를 갖는 성향'을 말한다. 보울비는 주 양육자인 엄마와 영아 사이의 정서적 유대관계를 처음 설명하면서 '애착'이라는 용어를 사용했다. 영아는 특정한 타인, 그중에서도 주 보호자인 엄마와 애착을 형성하게 된다. 엄마와 애착을 형성한 영아는 엄마에게 접근하려는 경향을 보이며, 엄마가 있을 때 더 안정감을 느끼며, 엄마에게서 안심과 보호를 얻으려고 한다.

이러한 애착은 아이가 자라면서 만나는 타인과의 관계에도 영향을 미친다.

1991년 영국 런던의 애나 프로이드센터 피터 포나기^{Peter Fonagy} 박사 연구팀은 임신한 여성을 상대로 엄마와 아기의 애착 유형을 연구했다. 연구팀은 임신한 여성에게 성인 애착 면접을 한 뒤 아기를 낳고 그 아이가 생후 12개월이 되었을 때 낯선 상황에서의 애착 유형을 측정했다. 연구 결과, 임신한 여성의 애착 유형과 그 여성이 낳은 12개월짜리 아기의 애착 유형은 실험 대상의 75%가 일치했다. 미국 코넬 대학교 의과대학원의 메리 제이와 워드를 비롯한 연구팀도 엄마와 아기의 애착 유형이 78% 일치함을 확인했다. 이런 사실은 외할머니-엄마-영아의 3대에 걸친 안정성과 전이에 대한 연구에서도 밝혀졌다. 이 연구에 의하면 임신 기간 중 측정된 엄마의 애착 유형과 태어난 아기의 애착 유형이 82% 일치했고, 친정엄마와의 애착 유형도 75% 일치했다.

이들 연구 결과만 보더라도 엄마의 영향은 매우 강력할 뿐만 아니라 대물림된다는 사실을 알 수 있다. 이는 곧 부모와의 애착이 불안정할 경우, 예를 들면 엄마가 아이를 방임하거나 학대 또는 상처를 주는 말이 견디기 힘든 우울이나 불안, 외로움, 상실감과 같은 강력한 트라우마로 작용할 수 있다는 의미다. 이해를 돕기 위해 2001년 심리학자 벌린과 캐시디가 발표한 부모의 애착 유형과 아이의 애착 유형을 알아보자.

- **안정-애착성 부모** : 아이와의 친밀한 관계를 중요시하여 아이의 요구를 일관성 있게 충족해 준다.

- **불안정-최소 애착증 부모** : 아이의 애착을 회피하거나 최소화하고 아이가 친밀감을 요구했을 때 대체로 거부하며, 아이의 독립을 과도하게 격려하고 엄격한 규칙을 강요한다. 이런 부모의 아이는 정서적으로 불안정함을 느끼고 또래를 공격하는 경향이 있다.

- **불안정-최대 애착증 부모** : 과거 자신의 불안정한 인간관계에서 생긴 공허감을 아이를 통해 채우려 한다. 그래서 아이에게 지나치게 집착하고 아이를 의존적인 존재로 인식하여 쉴 틈 없이 보호하려는 경향이 있다.

- **불안정-미해결 애착증 부모** : 아이에게 무력하고 약한 존재로 비친다. 이들은 과거의 상실감이나 상처로 인해 지나치게 아이를 두려워하거나 반대로 겁을 주는 행동을 한다.

이들 연구 결과를 종합해 볼 때 어린 시절에 안정 애착이 아닌 다른 세 가지 유형의 애착을 가진 사람은 성인이 되어 애착 유형이 아닌 불안정 또는 최소·최대·미해결 애착증을 가진 부모가 될 가능성이 매우 크다. 특히 엄마의 부정적 애착 경험은 물질적인 결핍에서 생긴 것보다 정서적 대물림이 훨씬 크다.

지영은 네 살 때 부모가 이혼하면서 엄마와 함께 살았다. 경제적으로 힘에 부쳤던 엄마는 딸아이를 친정엄마께 맡겼고, 지영인 외할머니 손에 키워졌다. 하지만 외할머니도 건강이 좋지 않아 외삼촌 집을 오가며 뜨내기 같은 생활을 했다. 다행히 일곱 살부턴 다시 엄마와 함께 살 수 있게 되었다. 하지만 엄마는 재혼 후에도 일을 했고, 지영을 돌보는 것은 이웃집 할머니 몫이 되었다. 지영은 엄마의 퇴근 시간이 조금이라도 늦어지면 견딜 수 없이 불안하고 무서웠다. 하지만 엄마가 또다시 자신을 버릴까 두려워 울거나 투정을 부리진 않았다. 초등학교 시절 내내 이런 생활이 반복됐다.

시간이 흘러 지영은 성인이 되었고, 사랑하는 사람을 만나 결혼도 했다. 그런데 결혼한 지 채 일 년도 지나지 않아 갈등이 불거졌다. 남편이 전화를 받지 않거나 귀가 시간이 늦어지는 날이면 불안해 견딜 수가 없었다. 그런 날은 수십 번씩 전화를 걸었다. 처음엔 남편도 아내를 이해하려 했지만 날이 갈수록 심해지자 지쳐 갔다. 딸아이가 하나 있는데, 자신처럼 외롭고 불행할까봐 한편으론 안쓰러우면서도 어린 시절의 좋지 않은 기억이 떠오르는 날이면 딸아이에게 화풀이를 하곤 한다. 아이의 행동이 못마땅해 더더욱 엄하게 대하게 된다.

어린 시절 부모와 안정된 애착 형성에 실패한 지영은 성인이 된 뒤에도 배우자와 아이와의 관계에서 불안한 모습을 보이고 있다. 사랑 받지 못한 엄마의 트라우마가 자녀에게 부정적으로 대물림된 상황에 해당한다. 사랑 받지 못하고 무뚝뚝한 엄마 밑에서 자란 아이가 자기 자식에게 다정다감한 엄마가 되기란 굉장히 어렵다. 그래서 자기도 모르는 사이에 아이를 구박하거나 화를 내게 된다. 이런 트라우마는 무의식 속에 남아 어느 순간 자동으로 분출되고, 결국엔 대물림되어 아이의 자존감에도 영향을 미친다.

아동·가족치료 전문가 홍정애 박사는 "건강한 애착은 삶의 적응성"이라고 말한다. 건강한 애착을 발달시키지 못하면 '나는 부족하고, 할 수 없고, 사랑스럽지 않다'는 낮은 자존감과 자신감을 갖게 된다. 또한 앞으로 살아가면서 어떤 것을 하는 데 중요한 원동력에 해를 입어 결국 삶의 적응성마저 저하된다고 말한다. 최 박사는 이를 '회복 탄력성'과 관련지어 설명했다.

"마음의 상처를 받았다고 해서 아이들이 성장한 후에도 계속

해서 그 상처 때문에 고통을 받는 것은 아닙니다. 대략 75%의 경우는 우리 몸에 면역력이 있듯이 회복 탄력성이 있어서 이겨낸다고 합니다. 문제는 25%의 취약한 사람들입니다. 이들이 마음의 상처에 취약한 이유는 생물학적인 요인도 있습니다. 이들은 어린 시절의 상처가 후천적으로 화상火傷이 된 것입니다. 상처가 되는 자극이 자주 발생하면 당연히 상처가 낫지 않은 상태에서 다시 자극이 와서 상처가 곪기도 하고 상처가 더 커지기도 하고, 낫더라도 제법 큰 흉터를 남기기도 합니다. 그래서 아이를 키울 때 영향을 줍니다."

최성애 박사는 어린 시절 받은 마음의 상처가 감당하기 힘든 수준을 넘어 거대한 스트레스가 되면, 그리고 이것이 반복되어 일어나면 뇌가 스트레스에 취약해진다고 말한다. 아이가 스트레스를 처리할 수 있는 뇌 회로는 용량의 한계가 있어 과도한 스트레스가 오면 감당하기가 버거워진다. 가정불화나 학대, 버림받은 것과 같은 엄청난 스트레스를 경험한 뇌는 아주 작은 스트레스에도 매우 예민하게 반응하게 된다. 그래서 물을 엎지르거나, 동생을 때리거나, 떼를 쓰는 일상적인 상황에서도 마치 아이가 엄청나게 큰 잘못을 저지른 것처럼 화를 내고 닦달을 하게 된다.

이렇게 대물림의 악순환을 겪고 있는 사람은 가장 먼저 어린 시절을 돌아보며 자신에게 문제가 있다는 사실을 인식하는 것이 중요하다. 그런 뒤에는 자신에게 부정적인 자존감을 물려주고 트라우마를 준 친정엄마가 처했던 시대적 상황을 이해하고 공감하려는 노력을 해야 한다. 이렇게 마음먹은 뒤에는 부정적인 트라우마를 끊으려는 노력이 절실하다. 어린 시절의 자아를 과거로 돌려보내고 성인의 자아로 새롭게 바라봐야만 트라우마에서 회복되는 길도 빨라진다.

나는
엄마처럼
살지 않을 거야

몇 년 전, '엄마' 열풍을 일으킨 소설 《엄마를 부탁해》(신경숙 지음)에는 어린 나이에 시집 와 다섯 명의 자식을 낳고 그 아이들을 훌륭하게 키워내기 위해 온갖 풍파를 견디며 살아온 헌신과 희생의 어머니가 나온다. 집을 나가 첩과 살림을 차린 아버지를 기다리며 묵묵히 힘든 세월을 견디신 엄마, 그런 엄마가 실종되면서 자식들은 그녀를 찾으며 모성을 추억한다.

우리는 가끔 뉴스를 통해 초인적 모성을 접한다. 집 안에 불이 나자 두 아이를 꼭 껴안은 채 베란다에서 숨진 엄마, 장애인인 자녀를 위해 일생을 바친 엄마까지 '엄마'이기에 가능한 일들을 종종 마주하곤 한다.

그런데 우리는 어머니의 이런 헌신과 희생을 당연하게 여긴다. 아이를 가진 엄마라면 누구나 가진 모성인자라고 말한다. 이는 우리가 자라면서 어머니가 가진 모성을 학습했기 때문이다. 하지만 늘 헌신하고 희생하기만 하는 모성이 항상 달가운 것은 아니다. "뼈 빠지게 일하며 키워 냈더니……. 자식 키워봤자 아무 소용없어."라며 한숨 쉬는 엄마가 안타깝다.

세상 모든 딸들이 한 번씩은 하는 말이 있다. "나는 엄마처럼 살지 않을 거야." 그래놓고 막상 엄마가 되어서는 친정엄마의 모성과 나의 모성을 비교하는 모순을 겪는다. '어떤 엄마가 좋은 엄마일까?', '엄마의 희생을 반이라도 따라갈 수 있을까?', '어떻게 해야 좋은 엄마가 될 수 있을까?', '나는 내 아이에게 어떤 엄마일까?' 하며 말이다.

2011년 8월 통계청의 발표에 의하면 우리나라 산모의 평균 출산 연령은 31.25세로, 2009년에 비해 0.29세 높아졌다. 첫 출산을 한 산모의 평균 나이는 30.1세였다. 20대 초반에 결혼해 아이를 낳고 가사에만 전념하던 친정엄마 시대와는 완전히 다르다. 그중에서도 가장 큰 차이는 부족하지 않게 교육 받고 전공을 살려 마음껏 자아실현을 한다는 점이다. 가정에서 육아에 전념하는 엄마도 많지만 자기 일을 계속하는 엄마도 많다. 문제는 이 과정에서 '좋은 엄마'에 대한 콤플렉스에 시달린다는 것이다.

얼마 전, 인터넷 카페에 한 젊은 경찰관 엄마가 글을 올렸다. 이제 막 돌이 된 둘째 아이가 있다는 그는 두 아이가 잠든 사이 틈틈이 글을 쓰는 작가이기도 하다.

"이번 주 토요일, 우리 집 공주님 돌잔치를 앞두고 있습니다. 둘째라 설렁설렁 준비가 잘 끝나긴 했지만 내일 멀리서 시댁 식구들도 오시고, 정말 몸도 마음도 지쳐 있습니다. 돌잔치 준비를 제가 다 했는데 책을 쓴다고 좀 소홀했던 집안일로 인해 여러 가지로 힘이 듭니다. 나름 최선을 다하고 있는데 지지해 주기는커녕 이해받지 못하는 마음이 슬프기도 하고 한편으론 가족들한테 미안하기도 하고요."

가족에 대한 미안함과 죄책감, 그리고 서운함이 느껴지는 글이다. 아마도 모든 워킹맘의 심정이 아닐까 싶다. 그런데 자의식이 강한 사람은 쉽게 마음을 다치지 않는다. 자신에 대한 믿음과 확신이 강해서 충격이 오더라도 금방 떨쳐낸다. 하지만 자신에 대한 믿음과 사랑이 부족하고 자신을 보잘것없다고 느끼는 사람은 작은 비난에도 괴로워하고 상대방의 거절을 못 견뎌 한다.

이렇게 자신을 보잘것없다고 생각하는 사람일수록 '좋은 엄마

좋은엄마 좋은엄마 좋은엄마
좋은엄마 좋은엄마 좋은엄마 좋은엄마 좋은엄마

콤플렉스'에 빠질 확률이 높다. 이런 사람들은 사람들과의 관계에서 자신보다 아이를 내세우는 경우가 많다. 그래서 사람들 앞에 내 아이가 시험을 잘 봤다거나 뭐든지 똑부러지게 잘한다는 말을 강조하고 상을 받았다고 자랑하는 경우가 많다. 그런데 내 아이가 다른 아이보다 뒤쳐진다 싶으면 마음이 불안하고 가슴이 콩닥콩닥 뛰며, 사람들 앞에서 아이가 바보 같은 행동을 하면 마치 내가 바보가 된 것처럼 창피한 생각이 든다.

좋은 엄마 콤플렉스란 쉽게 말해 '좋은 엄마가 되어야 한다는 강박관념'이다. 그렇다면 좋은 엄마란 무엇일까? 대부분의 엄마들은 아이에게 무엇이든 잘해 주고 화도 안 내는 완벽한 엄마를 떠올린다. 건강한 엄마는 갈등을 방치하지 않고 능동적으로 풀어 나간다. 시댁, 남편, 아이와의 문제가 생겼을 때 자신이 할 수 있는 최선의 방법을 고민하고 생각한다. 이런 엄마의 마음속에는 좋은 엄마가 되어야 한다는 강박관념이 없다.

하지만 좋은 엄마 콤플렉스를 가진 사람은 다르다. 종종 자신의 삶은 뒤로한 채 아이에게 모든 정성을 쏟는 경우를 볼 수 있다. 이런 엄마가 자주 하는 말이 있다. "내가 너를 위해 얼마나 애쓰는데 너는 왜 엄마 맘을 몰라주는 거니?" 이는 은연중에 아이에게 희생의 대가를 요구하는 것이다. 이런 욕구와 불만이 쌓이면 엄마는 점점 스트레스가 쌓이고 아이를 닦달하게 된다. 이는 엄마뿐 아니라 아이의 정서에도 부정적인 영향을 미친다. 엄마도 완벽하지 않으면서 아이에게 완벽을 요구하는 것은 엄마와 자녀 모두를 불행하게 하는 일이다. 《아이와 함께 자라는 부모》에서 서천석은 '좋은 부모'가 되기 원하는 이들에게 일침을 가하고 있다.

"자신에게 엄격한 만큼만 아이에게 엄격하세요. 자신에게 허용하는 만큼은 아이에게도 허용하세요. 자기에게 기대하는 것 이상을 아이에게 기대하지 않는 것, 좋은 부모 이전에 괜찮은 인간이 되기 위한 최소한의 조건입니다."

자존감이 낮은 엄마는 아이를 통해 자신을 증명해 보이려 한다. 사랑받고 싶고, 당당해지고 싶은 엄마는 채워지지 않은 자신의 욕구를 아이를 통해 채우려고 한다. 아이가 사랑받는 것이 곧 자신이 사랑받는 것이라고 믿기 때문이다. 그래서 아이를 잘 키우려는 강박관념에 시달리게 된다. 이것이 바로 좋은 엄마 콤플렉스가 위험한 이유다.

좋은 엄마가 유일한 삶의 목표인 그들은 아이를 있는 그대로 보지 못한다. 엄격한 잣대를 아이에게 들이대며 동그라미를 네모 속에 끼워 넣으려 한다. 초등학교 4학년 후반쯤 되면 아이에게 사춘기가 온다. 엄마 말을 잘 듣던 아이도 이때부턴 슬슬 간섭하지 말라며 반항하기 시작한다. 이 과정에서 엄마와 아이 사이에 불협화음이 생긴다. 이것은 시작에 불과하다. 엄마의 기대가 자신의 한계를 넘는다고 생각되면 아이는 더더욱 반항한다. 따돌림, 게임 중독, 틱 장애 등 정신적 문제로 심화되기도 하는 중요한 문제다. 엄마처럼 살지 않겠다고 그렇게 다짐했지만 친정엄마가 간 길을 따라가고 있지는 않은지 돌아보라. 내 가치를 인정받기 위해 아이를 앞세우진 않았는지 반성해 보라.

나는 아이보다 아픈 엄마를 많이 보았다. 그들에게 남은 것은 좋은 엄마가 되지 못했다는 자책감과 회한이다. 엄마가 되었다고 누구나 엄마 노릇을 제대로 하는 것은 아니다. 혹시 당신도 좋은 엄마 콤플렉스에 빠져 있지는 않은가? 그렇다면 자존감은 괜찮은지 내면을 점검해 보라. 내가 가치 있는 존재인지, 사랑받을 만한 존재인지 먼저 들여다보라. 왜곡된 모성으로 당신과 아이 둘 다 상처 받지 않길 원한다면 말이다. 열등감일랑 던져버리고 당신 스스로를 먼저 사랑하기 바란다.

엄마가 먼저 행복해야 아이가 행복하다. 아이가 성공하기를 원한다면 더더욱 엄마가 먼저 행복해야 한다.

좋은 엄마 콤플렉스

"너 자신을 알라!"

고대 그리스 델포이의 아폴론 신전 현관 기둥에 새겨져 있는 유명한 말이다. 과연 우리는 자신을 얼마나 알고 있을까? 그리고 이 땅의 엄마들은 자신과 아이를 얼마나 알고 있을까? 내가 배 아파 낳은 아이이거늘 몇 해만 지나도 그 안에 무엇이 숨어 있는지 모르니 아이를 키우는 일은 참으로 신기하다.

《불안한 엄마 무관심한 아빠》를 쓴 소아청소년정신과 전문의 오은영 박사는 이 책에서 재밌는 비유를 했다. 비유인즉, 사랑에 빠진 연인은 눈에 콩깍지가 씐 듯 상대방을 무조건 사랑하고 좋게만 보는 경향이 있는데, 엄마가 된 뒤 아이를 보는 마음 상태가 그렇다는 것이다. 아이가 자라서 성인이 되기까지 20여 년간 콩깍지가 씐 듯 사랑으로 충만한 눈으로 아이를 바라본다는 것이다.

오은영 박사의 말처럼 오랫동안 콩깍지가 씐 채 좋은 엄마로 남았으면 좋겠다. 하지만 현실은 바람과 다르다. 아이가 커 갈수록 '좋은 엄마'는커녕 아이 마음속에 '나쁜 엄마'로 기억되진 않을지 걱정이 앞선다. 특히 요즘 젊은 30대 엄마들은 육아나 살림을 버거워하는 경우가 많다. 자녀교육서도 읽고 방송도 보면서 좋은 엄마가 되기 위해 노력하지만 생각처럼 쉽지 않다.

그렇다면 '좋은 엄마'란 어떤 엄마일까. 대부분의 엄마들이 '좋은 엄마'를 '완벽한 엄마'로 오해한다. 아무 어려움 없이 완벽하게 척척 해낼 수 있는 천부적인 소질이 있는 사람이라면 모를까 어떤 사람도 '완벽한 엄마'라고 자신할 수는 없을 것이다. 다만 완벽한 엄마가 되려고 노력할 뿐이다. 어떤 사람은 그 과정이 즐겁고 행복하겠지만 어떤 사람은 힘들고 버겁다. 대개 후자의 경우 자신을 나쁜 엄마라고 생각하는 경향이 있다.

임신하면 태교를 시작한다. 클래식을 듣고 좋은 생각만 하며 음식도 정갈하고 흠이 없는 예쁜 것만 먹으려 노력한다. 아름다운 자연을 감상하고 아기에게 다정한 목소리로 그림책을 읽어준다. 아빠의 중저음을 좋아하는 아기에게 매일 밤 태담을 해 준다.

그렇게 아기가 태어나면 모유를 먹이고 유기농 재료로 만든 이유식으로 아이를 키운다. 아이가 말을 하기 시작하면 영어 동화로 언어 자극을 주고 최고의 사립 유치원에 보낸다.

학교에 들어가기 전에 남보다 먼저 선행학습을 시키는 것은 기본이고, 그림과 운동, 발표력 학원도 보낸다. 주말이면 박물관, 유적지 등으로 체험학습을 간다. 아이가 아무리 말썽을 부려도 절대로 화를 내지 않고 웃는 모습으로 다정하게 대한다.

일일이 열거할 수 없을 만큼 수많은 엄마의 역할들. 이 모든 것을 완벽하게 하려면 초인적인 능력이 필요하다. 앞에서도 말했듯이 자식을 위해 헌신과 희생을 다한 친정엄마의 모성 유전자가 체화되어 있건만 지금은 그때와 달리 사회가 엄마들에게 요구하는 것이 많아졌다. 그래서 다른 엄마와 대화를 나누다 내가 알지 못하는 정보가 나오면 내가 나쁜 엄마인가 싶어 주눅이 들고, 명품 육아라는 게 남의 집 얘기인 것만 같아 화가 나고 불안하기도 하다. 하지만 '좋은 엄마 콤플렉스'는 아이에게 독이 될 뿐이다. 노벨문학상을 수상한 최고의 작가 헤밍웨이의 삶은 좋은 엄마 콤플렉스가 자녀의 삶을 얼마나 비극적으로 만드는지 잘 보여준다.

헤밍웨이의 엄마는 완벽주의적인 기질이 있었다고 한다. 그 결과 헤밍웨이는 최고의 명예와 부를 누렸지만 엽총을 물고 방아쇠를 당기는 것으로 끔찍한 종말을 맞이했다. 왜 그랬을까? 네 번이나 결혼한 그의 일생에 가장 큰 영향을 미친 사람은 네 명의 부인이 아닌 편집증 증세가 있던 어머니였기 때문이다.

"모두 엄마의 기대에 부응해 부끄럽지 않은 자식이 되도록 꼭 출세해야만 해!"

어머니 못지않게 아버지도 엄격하기는 마찬가지였다. 부모의 지나친 욕심과 과도한 기대는 결국 헤밍웨이에게 콤플렉스가 되었고, 그는 평생을 외곬으로 살았다. 노벨문학상까지 받은 최고의 명예와는 어울리지 않는 삶이었다.

《좋은 엄마 콤플렉스》를 쓴 이서경은 그의 책에서 "좋은 엄마가 되기 위해 애쓰고 노력하는 것들이 결과적으로 아이를 망치거나 안 좋은 영향을 주는 나쁜 엄마가 되어 버리는 길이 될 수도 있다."고 고언했다. 그러면서 그는 좋은 엄마 콤플렉스가 엄마와 친정부모와의 불안정인 애착형성이 반대로 나타난다고 보고 있다. 이런저런 사정으로 공부를 많이 하지 못한 엄마가 그것을 보상받고 싶은 심정으로 자신의 아이에게 공부를 하라고 다그치는 것이 그 예다. 그러면서 자신을 좋은 엄마라고 착각한다. 자신이 배우지 못한 상처를 아이에게 물려주지 않겠다는 생각에서 나온 그릇된 교육 방식이다. 하지만 이렇게 강요하고 채근할수록 아이는 공부와 점점 멀어진다. 이서경은 이런 엄마들에게 배우지 못한 한이 있다면 아이에게 바라지 말고 자신의 재능을 계발하는 데 사용하라고 조언한다.

갓 초등학교에 입학한 아이를 둔 엄마들은 하루에도 수십 번씩 마음이 왔다 갔다 한다. 지금까지는 소신 있게 아이를 가르쳐 왔지만 학교에 들어가고 나니 상황이 달라진 것이다. 받아쓰기에서 내 아이의 짝꿍이 백 점을 받았다는 말, 잘 가르친다는 수학 학원을 보냈더니 쪽지 시험만 보면 백 점을 받아 온다는 옆집 엄마의 말에 귀가 솔깃해진다. 내 아이가 실수로 받아쓰기에서 한두 개 틀려 오면 나도 모르게 화가 나서 "왜 아는 걸 틀렸어? 이거 어제 엄마랑 몇 번이나 했던 단어잖아?"라고 소리를 지른다. 아이가 '백 점'을 받으면 '좋은 엄마'라는 생각이 들지만 한두 개 틀려 오는 날이면 내가 '나쁜 엄마'인 것만 같은 생각이 든다.

몇 해 전 4학년 담임을 맡고 있을 때 젊은 엄마가 상담을 요청해 왔다.

"요즘 아들 때문에 하루도 마음 편할 날이 없어요. 선생님도 알다시피 우리 아이가 워낙 노는 걸 좋아해요. 그런데 그 좋아한다는 표현을 말로 하지 않고 툭툭 치거나 건드려서 친구들과 사이가 좋지 않아요. 오히려 따돌림을 당하는 것 같아요. 아이들이 전보다 집에 잘 놀러 오지 않아요. 생일에도 친구들을 초대했는데 한 명밖에 오지 않았어요."

그러면서 엄마는 자신의 과거를 털어놓았다.

"문제가 저한테 있는 게 아닌가 하는 생각이 들어요. 저는 윽박지르고 욕하고 때리는 엄마와 매일 술 먹고 권위를 내세우는 아빠 밑에서 우울하고 불안하게 어린 시절을 보냈어요. 그때를 생각하면 지금도 분노가 치솟는 걸 간신히 억누르고 있어요. 부모님이 저에게 그랬던 것처럼 저 역시 아이에게 똑같이 하는 것 같아 마음이 아파요."

어릴 적에 상처를 받고 열등감을 갖게 된 엄마는 자신을 존중하는 마음, 즉 자존감이 낮다. 열등감을 아이를 통해서 보상받으려는 심리가 있어 이런 엄마일수록 아이를 다그치는 일이 많다.

대상관계 심리학자 위니 컷은 "우리에게 필요한 것은 완벽한 엄마Perfect Mother가 아니라 충분히 훌륭한 엄마Good Enough Mother다." 라고 말했다. 그렇다면 완벽한 것과 충분히 훌륭한 것의 차이는 무엇일까? 이 세상에 완벽한 것은 없으므로 완벽한 엄마라는 말은 그 자체가 모순이다. 충분히 훌륭한 엄마는 부족한 것을 있는 그대로 받아들이며 성장을 위해 다른 것을 보완하는 엄마를 말한다. 나아가 존재 자체를 충분히 훌륭한 엄마라고 할 수 있다.

좋은 엄마에게서 행복한 아이가 태어나는 것이 아니라 행복한 엄마에게서 행복한 아이가 태어난다. 좋은 엄마를 포기하면 행복한 엄마가 될 수 있다. 좋은 엄마는 자신의 주관적인 기준 속에 있기 때문에 아이가 보기에는 오히려 나쁜 엄마다. 아이들은 기준이 높은 잣대를 들이대는 엄격한 엄마를 부담스러워한다. 눈높이를 낮추고 아이를 있는 그대로 바라볼 때 비로소 좋은 엄마 콤플렉스에서 벗어날 수 있다. 마지막으로 신의진의 말을 꼭 마음에 새기기 바란다.

"엄마 노릇 너무 잘하려고 애쓰지 마라. 좋은 엄마 콤플렉스가 당신과 아이 모두를 망치고 있다."

엄마 스스로
자신을
사랑하라

엄마의 말은 24시간 틀어놓은 광고와 같다고 한다. 엄마가 하는 말, 행동, 생각이 모두 아이의 뇌회로에 각인된다는 말이다. 어릴 때 부모에게 어떤 말을 듣고 자라느냐에 따라 아이의 자존감이 결정된다는 의미이기도 하다.

현진이 엄마는 딸만 넷인 가난한 집안의 막내로 태어났다. 아들을 간절히 기다리던 아버진 막내마저 딸이란 소리에 갓난아이를 쳐다보지도 않았고, 엄마 역시 딸을 낳은 지 이틀 만에 밭으로 일을 하러 나갔단다. 할머니는 손녀를 볼 때마다 혀를 차며 이렇게 말했다.

“어이구, 아무 쓸데없는 계집애를 낳아 가지고. 쯧쯧……”

술을 마시고 들어오는 날이면 아버진 아이들을 때리기도 하고, 엄마 또한 딸들에게 따뜻한 말 한 마디 건네는 법이 없었다. 없는 살림에 시모까지 모시고 사는지라 더더욱 감정 표현에 인색했는지 모른다. 게다가 아들을 낳지 못했다는 죄책감은 엄마를 더 움츠리고 소극적인 사람으로 만들었다. 투정을 부릴 때마다 아이는 뒷마당에 가서 심하게 야단을 맞았다.

“너 그렇게 울면 집에서 쫓겨날 줄 알아!”

어린 시절을 이렇게 보낸 현진 엄마는 성인이 되어서도 매사에 자신이 없고 소극적인 여성이 되었다.

현진 엄마처럼 무관심한 부모 밑에서 자라거나 정서적인 지지를 받지 못하고 자란 아이는 자기 스스로를 믿지 못하는 성인으로 성장하게 된다. 현진 엄마는 결혼 생활도 순탄치 않았다. 남편은 거의 매일 술로 세월을 보내는 것으로도 모자라 생활비조차 제대로 가져다주지 않았다. 아이 셋을 낳는 동안 몸조리 한 번 제대로 못한 채 공장에 나가 돈을 벌어야 했다. 아이들이 미운 것은 아니었다. 하지만 가정을 돌보지 않는 남편에 대한 실망과 분노가 아이들에게 표출됐다. 특히 큰애인 현진이에게 동생들 뒤치다꺼리와 집안일을 자주 맡겼는데, 퇴근 후 집안일이 제대로 되어 있지 않으면 자신도 모르게 화가 났다.

“내가 누구 때문에 이 고생을 하는데?”

“이걸 청소라고 해 놓았니?”

“빨래를 하려면 제대로 해야지. 동생들도 잘 좀 씻기고.”

큰애가 안쓰러운 마음이 들면서도 아이에게 가슴속 화를 풀 수밖에 없었다.

그러던 어느 날부터 현진이 배가 아프다면서 학교에 가길 싫어하고 결석을 하는 일이 종종 발생했다. 담임선생님께 전화가 왔다. 현진이가 친구들에게 따돌림을 당하고, 종일 친구와 말을 하지 않고 지내며, 점심도 먹지 않고 교실에 앉아 있다는 것이다. 이런 날이 여러 달 계속되자 선생님은 현진을 교육청 상담 기관인 WEE 센터에 의뢰하여 상담을 받게 했다. 상담 결과 현진은 우울 검사에서 우울증이 의심된다는 진단을 받았다. 현진의 어머니는 그제야 정신이 번쩍 들어 현진이가 그렇게 된 원인을 생각하며 자신을 돌아보기 시작했다.

성장하면서 부모에게 크고 작은 상처를 많이 받고 자란 아이는 성인이 되어서도 끊임없이 자신의 선택에 대해 의심을 한다고 한다. 최성애 박사의 말을 들어보자.

“어릴 때 감정적으로 지지를 받지 못하면 자기 확신이 잘 들지 않게 됩니다. 내가 느끼는 것이 맞는 것인가, 틀린 것인가? 어렸을 때처럼 내가 내 감정을 그대로 따라 했다가 혹시 야단을 맞는 것은 아닐까, 일이 크게 잘못되는 건 아닐까 하는 두려움과 불안감을 갖게 되지요. 그래서 잘하고 있으면서도 아이를 돌보는 일이 자연스럽거나 편안하지 않고 항상 걱정이 앞서게 되는 겁니다. 자신의 생각과 감정, 행동이 일치하지 않으니 계속 불편함을 느끼게 되는 거지요."

이런 부모는 아이를 키우는 데 있어서도 자신의 양육 방법을 확신하지 못하고 늘 불안해한다. 여기서도 열등감이 작용하는 것이다. 국내에 5명뿐인 국제정신분석가 중 한 명인 이무석은 《나를 사랑하게 하는 자존감》에서 열등감을 두 가지로 나눴다. 하나는 외모나, 집안, 지능 같은 타고난 조건에 의한 열등감이고, 다른 하나는 가난과 무능력 같은 후천적 열등감이다. 열등감을 가진 사람은 스스로를 못나고 무능한 사람이라고 믿는다. 그래서 스스로를 창피하고 초라하게 여기며, 그 과정에서 남모를 상처를 받고 살아간다. 반면 자기 스스로를 소중하며 어떤 일이든 해낼 수 있다는 자신감을 갖고 사는 사람은 자존감이 높다고 했다.
"정말 어쩔 수가 없어."
"난 어릴 때부터 똑똑하지 않았어. 사람들이 미련하다고 했어."
스스로 이런 꼬리표를 붙이고 자란 엄마는 아이의 성장을 방해한다. 자신을 믿지 못하기 때문에 아이도 믿지 못하는 악순환이 반복되는 것이다. 덴마크의 철학자 키르케고르는 "단정적인 말로 나를 표현하는 것은 내 존재를 부정하는 것"이라고 했다. 자신에게 붙여진 꼬리표대로 살아가는 것은 부모로 인해 각인된 상처를 계속해서 이어가는 것과 같다.

우리가 타인의 감정을 공감할 수 있는 것은 뇌 속의 뉴런, 즉 거울 신경세포 때문이다. 어릴 때 정서적으로 보살핌을 받지 못하고 자란 아이는 거울 신경세포의 결핍이 생겨 엄마가 된 뒤 아이와 공감하고 관계를 형성하는 과정에서 정서적인 문제를 겪는다. 거울 신경세포는 1996년 이탈리아의 파르마 대학교 '지아코모 리촐라티' 연구팀이 처음 발견한 신경 세포다. 아이가 무언가에 놀라 울고 있는데 엄마가 달래주지 않을 경우 거울 신경세포가 발달하지 않는다. 그리고 이렇게 신경세포가 발달하지 않은 채 성장한 엄마는 자신의 아이가 울어도 왜 우는지를 몰라서 당황하고 그로 인해 더 많은 스트레스를 받는다고 한다.

세계적인 가족치료 전문가 존 가트맨John Gottman은 1996년 '초감정'이란 용어를 사용했다. 이 말은 '감정 속의 숨은 감정', '감정에 대한 감정' 정도로 정의할 수 있다. 예를 들면 어릴 때 눈물이 지나치게 많아 호되게 야단맞은 적이 있던 아이는 나중에 자신의 자녀가 울 때 슬퍼서 안아달라는 아이의 감정을 그대로 받아들이지 않고 무섭게 아이를 다그친다. 자신이 울 때 무섭게 대했던 친

정엄마와 똑같이 행동하는 것이다. 안타까운 것은 그 아이 또한 엄마의 모습을 보고 배워 나중에 엄마가 되었을 때 같은 반응을 보인다는 것이다. 엄마의 아픈 상처가 아이에게 대물림되는 무서운 예다.

초감정을 이해하게 되면 상처에서 놓임을 받는다. 왜냐하면 상처는 가면과 같아서 그 실체를 목격한 사람은 속일 수 없기 때문이다. 엄마 안에 상처를 숨겨두지 않고 직시하면 내면의 상처가 치료되는 것을 넘어 더 건강해진다.

이렇듯, 마음의 상처에서 벗어나기 위해선 엄마의 초감정을 이해하는 것이 중요하다. 언제 화가 나는지, 화가 날 때 어떻게 행동하는지를 떠올려 보라. 이를 점검해 보면 자신의 초감정을 알 수 있다. 다음을 참고로 하면 좋겠다. 어릴 때의 경험과 지금 내 모습의 비교를 통해 감정의 근원을 점검해 보자.

어릴 때 분노(슬픔)를 경험한 적이 있는가?
내 아버지는 분노(슬픔)를 느꼈을 때 어떻게 행동했는가?
내 어머니는 분노(슬픔)를 느꼈을 때 어떻게 행동했는가?
내가 슬플 때 부모님은 어떻게 반응했는가?
나는 화날 때 어떻게 행동했는가?

초감정을 이해하면 엄마가 아이에게 느꼈던 감정을 비로소 이해할 수 있다. 그리고 이렇게 될 때 스스로를 이해하고 사랑할 수 있는 길이 열린다. 자신을 사랑할 줄 아는 엄마만이 아이도 사랑할 수 있고, 비로소 행복한 양육이 시작된다.

작가 딕 포스는 이렇게 말했다.

"가슴 밑바닥에서 우리는 모두 사람들이 좋아하고, 사랑받을 만한 가치가 있고, 다른 사람에게 존귀한 존재라고 믿고 싶어 한다."

엄마 스스로 자신을 사랑하라.

'좋은 엄마 콤플렉스' 진단하기

다음 열 개의 문항은 초등 아이를 둔 엄마의 '좋은 엄마 콤플렉스' 수준을 살펴보기 위한 질문이다. 엄마 스스로 질문해 응해 보고 스스로를 점검해 보라. '그렇다'라는 답변이 많을수록 좋은 엄마 콤플렉스에 빠져 있을 가능성이 높다.

- ☐ 나는 아이에게 좋은 것을 다 해 주어야 한다고 생각한다.
- ☐ 나는 다른 엄마에 비해 아이에게 잘 못해 준다는 생각이 들어 죄책감을 느낀다.
- ☐ 아이가 공부를 못하는 것이 내 책임이라는 생각이 든다.
- ☐ 아이가 따돌림을 당하면 마치 내가 따돌림을 당하는 것과 같다는 생각이 든다.
- ☐ 나는 내가 살림과 양육을 잘 못하는 한심한 엄마라는 생각이 든다.
- ☐ 아이가 어려운 문제를 물어볼 때 대답하지 못하면 무능하다는 생각이 든다.
- ☐ 가정 경제가 빠듯하더라도 남들 다니는 학원은 꼭 보내야 한다고 생각한다.

□ 아이가 빈둥대는 것을 보면 화가 나고 짜증이 솟는다.

□ 아이가 조금이라도 힘들어하면 내가 대신 해 주어야 한다고 생
　각한다.

□ 내 몸이 힘들더라도 아이를 위해서라면 참고 헌신해야 한다고
　생각한다.

※ 위 질문에 대한 결과는 참고 사항일 뿐 '좋은 엄마 콤플렉스' 평가
의 절대적인 기준은 아니므로 미리 단정하지 말 것을 당부한다.

자존감의 세 가지 요소

자기가치감

자기가치감은 '나는 사랑받기 위해 태어났고, 충분히 사랑받을 만한 가치가 있는 존재'라고 확신하는 마음이다. 그러므로 자기가치감은 자신이 세상에 존재하는 것에 대한 타당성을 부여하고, 자신에게 생긴 어려움에 당당하게 맞서 문제를 해결해 나가고자 하는 동기를 만들어 준다.

그렇다면 아이들은 언제부터 이런 자기가치감을 갖게 될까? 태어날 때부터 "짠! 나 좀 봐주세요. 나 멋지지 않아요?", "나는 사랑받을 만한 존재예요."라는 믿음을 가지고 태어난다면 좋겠지만 애석하게도 이러한 믿음은 자신에게 중요한 사람들과의 상호작용을 통해 서서히 만들어진다. 그중 아이에게 가장 중요한 사람인 '부모'와의 건강한 상호작용을 통해 자기가치감의 뿌리를 만들어 가게 된다.

유능감

유능감은 아무리 어려운 일이 생겨도 내가 이것을 해결할 능력이 있다는 문제 해결에 대한 자신감이다. 유능감이 높은 아이는 어떤 일이 주어졌을 때 '이거 한번 해 볼까? 해 보면 재미있겠는데?'라는 마

음을 갖는다. 반면 유능감이 부족한 아이는 '이거 못하면 혼이 날 텐데…….', '내가 잘못해서 사람들이 비웃기라도 하면 어쩌지?'라는 마음에 시달리게 된다.

또 유능감이 부족하면 진짜 자신이 좋아하는 일을 즐겁고 행복하게 하지 못하고, 끊임없이 다른 사람의 평가를 의식하면서 전전긍긍하게 된다. 또한 자신이 진정으로 원하는 일을 하려고 하기보다는 칭찬받거나 좋은 평가를 받을 수 있는 일만을 하게 된다.

자신에 대한 호감

자신에 대한 호감은 이 일을 잘 못하고 있는 상황에서 스스로에게 실망하고 낙심하는 것이 아니라 그럼에도 불구하고 노력하고 있는 자신을 마음에 들어 하는 자신에 대한 신뢰감이다. 이렇게 자신에 대한 호감이 높은 아이들은 어떠한 과제가 주어졌을 때 '한번 해 볼까? 하지만 이것을 못한다고 해서 내가 무가치한 사람이 되는 것은 아니야.'라고 생각한다. 그렇다 보니 당연히 적극적으로 문제를 해결하려 하고, 실패하더라도 절망하기보다는 '비록 실패했지만 최선을 다해 열심히 노력한 나 스스로가 자랑스러워.'라고 생각하게 된다.

출처 – 행복한 사람으로 키우는 중요한 열쇠 '자존감'

2장

엄마의 자존감을 높이는 것이 먼저다

내 아이가 꼴찌면 엄마도 꼴찌?

"너는 왜 만날 하는 게 그 모양이니?"

"너 이번 시험에서 몇 개 틀렸니? 아는 것도 틀렸어? 너희 반 평균이 얼만데?"

"그럼 네 짝은 몇 등이야?"

"이렇게 엉망으로 하면 어떻게 해. 다시 해!"

아이를 키우는 부모라면 한 번쯤은 자신도 모르게 이런 비아냥 거림이나 내 아이를 다른 아이와 비교하는 말을 한 적이 있을 것 이다. 그러나 진정 아이를 사랑하고 잘되기를 바라는 부모라면 이런 비아냥거림이나 무시, 비교는 금물이다.

부모에게 무시나 비교의 말을 자주 듣고 자란 아이는 자기도 모르게 심적으로 위축되어 자신감이 부족하고 자존감도 낮은 아이로 성장한다. 비교는 거부와 마찬가지다. 아이를 있는 그대로 받아들이지 않겠다는 의미이기 때문이다. 다른 아이와 같아지기를 바라는 것은 아이의 개성을 무시하는 것이다.

게슈탈트 심리학자 프리츠 펄스Fritz Perls는 자신의 자전적인 저서 《쓰레기통의 안과 밖》에서 이렇게 말했다. "장미는 장미이고, 장미는 장미이다."

마찬가지로 아이는 아이일 뿐이다. 어른의 사고와 생각을 아이에게 강요하는 것은 장미가 국화가 되기를 바라는 것과 같다.

"비교하지 않으려고 해도 잘 안 돼요. 아이에게 자극을 주면 좀 더 열심히 하지 않을까 하는 마음에서 자꾸 비교하게 돼요."

"요즘 엄마들은 얼마나 열심인지 몰라요. 어느 학원이 잘 가르치는지, 영어는 언제부터 배워야 하는지, 학습지는 무엇이 좋은지 줄줄 꿰고 다녀요. 이러다가 우리 아이만 뒤처지는 것은 아닌지 불안해요. 특히 아이가 시험을 치르고 점수가 낮게 나오면 내 탓인 거 같아 남 보기 부끄럽고 아이에게 더 야단을 치는 것 같아요."

혹시 본인의 모습은 아닌지 반성해 보라.

엄마가 이러면 아이는 늘 불안하다. 요즘 초등학생들은 학기가 끝날 즈음 일 년에 두 번 기말시험을 치르는데 시험을 마치고 채점이 끝나기도 전에 찾아와 묻는다.

"선생님, 저 몇 문제 틀렸어요?"

궁금해하는 이유를 물어보면 열에 아홉은 비슷한 대답을 한다.

"시험 못 보면 엄마한테 혼나요."

"두 개 이상 틀리면 아빠한테 맞아요. 스마트폰도 압수당해요."

점수가 궁금하기는 엄마가 더 심하다. 아이가 집에 돌아와서 점수를 말하면 "그럼 다른 아이는?", "너희 반에서 백 점 맞은 애는 몇 명이야?"라고 묻는다. 엄마들끼리 마트에서 만나기라도 하면 상대방 아이의 점수를 묻기에 바쁘다.

이는 내 아이가 다른 아이에 비해 뒤처진다는 생각에서 나온 행동으로, 이렇게 하면 아이가 자극을 받아서 더 잘할 것 같다. 그렇다면 정말 그럴까? 절대 그렇지 않다. 자극을 받아 열심히 하기는커녕 대부분의 아이들은 비교당한 것에 상처를 입고 하고자 하는 작은 의욕마저 꺾이고 만다. 때로는 반항을 하거나 그로 인해 부모와 아이 사이가 멀어지는 경우도 있다.

한편, 부모가 아이에게 자극을 주어 좀 더 잘하라는 의미라고 하지만 원인이 다른 데 있는 경우도 있는데, 바로 엄마의 열등감에서 오는 욕심이다. 아이의 좋은 성적이 엄마의 자부심이 되고,

반대로 나쁜 성적은 자존심 상하는 일이라는 생각이다. 아이의 점수가 백 점이면 '백 점 엄마'가 되고, 아이가 꼴찌이면 '꼴찌 엄마'가 되는 걸까? 나는 이런 생각을 하는 부모들에게 이렇게 말해준다.

"아이를 망치는 지름길이 있습니다. 바로 아이를 다른 사람과 비교하고 들볶는 일입니다. 그렇게 되면 아이는 자존감에 손상을 입고 무기력해질 뿐 아니라 주눅이 들어 자신감이 부족해집니다. 그러면 친구 관계나 사회생활에서 주도적인 삶을 살지 못하고 미래도 불행해질 확률이 높습니다."

아이로 하여금 건강한 도전 정신을 갖게 하려면 선의의 라이벌 의식을 심어주라. 비슷한 실력의 친구도 좋고 형제도 좋다.

북유럽 교육에는 비교나 경쟁의 개념이 없다. 우리나라와 달리 시험이 많지 않기 때문일 수도 있다. 경쟁이 심한 우리나라 현실에서 북유럽 교육 방식을 수용하기는 어렵다. 하지만 선의의 경쟁자를 찾아주는 대안은 얼마든지 수용할 수 있다.

유대인 부모들은 아이들을 대할 때 아이의 능력 차이가 아닌 '개성 차이'에 가장 중점을 둔다. 비교보다는 아이마다의 개성을 살리는 데 가장 큰 주안점을 둔다. 형제라도 저마다 다른 개성이 있음을 인정하고, 그 개성을 발견하는 데 주력하는 것이다.

미국 국무장관을 지낸 헨리 키신저의 동생 월터 키신저는 이렇게 말했다.

"어릴 때 우리는 라이벌이었다. 그렇다고 우리가 서로 경쟁하는 경쟁 관계는 아니었다. 우리 두 사람은 하는 일과 좋아하는 일이 달랐고 성격도 달랐기 때문이다."

동생 월터 키신저는 앨런 전기 설비 회사 CEO가 되었다. 사람들은 헨리 키신저에게 더 관심을 가졌지만 동생은 열등감을 가지기보다 자신의 능력에 대한 자부심이 컸다고 한다. 이들의 부모는 능력이 다른 형제를 비교하는 대신 각기 재능을 살릴 수 있도록 도와주었다고 한다.

"자녀의 두뇌는 비교하지 말되 개성은 비교하라."는 유대 격언대로 아이의 재능과 개성을 비교하고 응원하면서 각각의 독특한 색깔을 낼 수 있도록 도와주는 부모가 되어야 한다. 단 한 가지, 비교해도 되는 것이 있는데, 바로 '어제의 나'와 '오늘의 나'이다. '고도원의 아침 편지'로 유명한 고도원은 《위대한 시작》에서 이렇게 말했다.

"진정한 비교는 자신의 어제와 오늘을 비교하는 겁니다. 그래서 어제보다 잘했으면 칭찬하고 어제보다 못했으면 반성하고 더 노력하면 됩니다. 다른 사람과 비교할수록 발전하기보다는 나의 자존감만 약해집니다."

진정한 경쟁 상대는 남이 아닌 나 자신이듯 남과 비교하고 경쟁하며 남을 따라 하는 사람은 짝퉁처럼 개성 없고 행복하지도 않은 삶을 살게 될 뿐이다. 아이의 개성을 그대로 존중하라. 아이의 가슴을 억누르는 비교 심리는 내려놓으라. 자식에 대한 욕심은 아무리 마셔도 해소되지 않는 갈증과 같다. "남처럼 되라.", "남들만큼만 하라."고 닦달하기보다 "남과 다르게 하라."고 가르치라. 아이의 장점과 개성을 살려 나갈 수 있도록 응원하고 용기를 주라. 그런 다음엔 아이가 잠재력을 발휘할 수 있을 때까지 묵묵히 기다려라.

마지막으로 조세핀 교수의 말을 곱씹어보자.

"자식을 내 인생 최고의 작품으로 보거나 내 인생의 종합성적표로 보는 시각은 위험하다."

"우리 아이는 너무 준비성이 없어요. 미리미리 하지 않고 막상 닥치면 허둥대요."

"우리 아이는 머리는 좋은데 왜 공부를 싫어하는지 모르겠어요."

"우리 아이는 왜 엄마 말에 늘 반항만 할까요? 해 달라는 건 다 해 주는데……."

"우리 아이는 왜 혼자 알아서 척척 못하고 시켜야만 할까요? 고칠 방법이 없을까요?"

60억 인구 중에 똑같은 사람은 한 명도 없다. 마찬가지로 아이들 역시 생김새, 성격, 재능 무엇 하나 같은 아이가 없다. 60억 중의 한 명인 내 아이는 그래서 소중하다.

누구나 부모가 되기 전에는 내 아이를 남부럽지 않게 사랑과 정성을 다해 훌륭히 키우겠다고 다짐한다. 혼내고 닦달하며 키우겠다고 생각하는 부모는 없다. 그런데 엄마 젖을 빨고 옹알이를 하며 부모에게 기쁨을 주던 아이가 점차 변하기 시작한다. 내가 원하지 않는 방향으로 가는 아이를 보며 기대에 대한 배신을 당한 것 같아 괴로워하다 어느 순간 아이에게 소리를 지르게 된다. 때로는 화를 참지 못하고 매를 들어 다그치고 있는 나를 발견하며 흠칫 놀란다.

지우 엄마는 완벽주의 기질을 가지고 있다. 아이에게 유난히 공부를 강요한다. 지우가 초등학교에 입학하기 전부터 매일 받아쓰기를 시켰다. 처음에는 쉬운 단어로 하다 보니 지우도 놀이를 하듯 엄마와의 시간을 즐겼다. 그런데 차츰 난이도가 높아지면서 지우는 엄마와의 시간에 흥미를 잃었다. 문제는 지우가 초등학교에 입학하면서 생겼다. 지우가 받아쓰기에서 한 개라도 틀리는 날이면 엄마는 틀린 개수대로 지우의 손바닥을 때렸다. 어떤 날은 두 대, 심지어 다섯 대를 맞은 날도 있었다. 지우에겐 점점 받아쓰기 시간이 스트레스가 되었고, 급기야 자신도 모르는 사이에 얼굴을 찡그리는 '틱 장애'가 발생했다. 그러나 지우

엄마는 아이의 이런 증상을 예사롭지 않게 생각했다. 그러는 사이 지우의 틱 장애 정도는 갈수록 심해졌다.

엄마는 지우가 심각한 상태가 되었는데도 여전히 지우에게 공부를 강요하며 학원을 보내고 학습지를 시켰다. 지우의 상태가 심해질수록 엄마의 스트레스도 증가했다. 아이의 증상을 참지 못하고 "그만하지 못해!"라고 버럭 소리를 지르는 일도 많아졌다. 가뜩이나 아이들이 놀려서 창피하고 불안한 지우로선 엄마의 윽박까지 더해지자 더는 마음을 둘 데가 없었다. 그렇게 고등학생이 되어 부모보다 힘이 세진 지우는 급기야 가출과 자퇴를 반복하며 안타깝게도 부모의 괴로움이 되었다.

안타까운 사례다. 부모가 원하는 아이로 만들려는 욕심은 애초에 버렸어야 한다. 끊임없이 무엇인가를 요구하면 아이는 지치고 질린다. 받아쓰기에서 한 개라도 틀리면 안 된다는 강박감이 아이에게 큰 정신적 스트레스를 주어 가슴 아픈 결과를 낳고 말았다. 그런데도 엄마는 문제를 아이에게만 돌렸다. 문제는 아이에게 있던 것이 아니라 완벽을 강요하고 실수를 용납하지 못하는 엄마에게 있었거늘 엄마는 자신의 잘못을 인정하지 않았다.

이러한 유형의 엄마는 자존심이 무척 강하고 평소 지나친 완벽주의 기질을 보인다. 어쩌다 싫은 소리라도 들으면 파르르 떨며 과민반응을 보이기 때문에 주변 사람이 쉽게 다가가지 못한다.

안타까운 점은, 겉으로는 굉장히 강해 보이지만 사실은 굉장히 약하고 열등의식이 높다는 것이다.

　아이는 아직 완벽하지 않은 존재다. 엄마의 욕심을 앞세워 매사에 최고를 요구하기보다는 최선을 다하는 기쁨을 맛보게 해 주는 것이 중요하다. 아이가 도달할 수 있는 목표를 세분화하여 그것을 성취했을 때 인정하고 보상해 주어야 한다. 실수를 했을 때도 비난하기보다는 사람은 누구나 실수할 수 있음을 알려주어야 한다. 중요한 것은 똑같은 실수를 되풀이하지 않도록 하는 것이다. 비난과 교육은 반드시 구별해야 한다. 잘못했을 때 비난하는 것은 자존감의 가장 큰 적이다. 실수는 누구나 할 수 있다. 실수나 잘못에 대해선 그 행동을 비난하지 말고 행동의 결과를 알려주어 실수로부터도 배울 것이 있음을 교육해야 한다.

　놀이터에서 네 살배기 두 명이 놀고 있다. 작고 가파른 계단 위로 비둘기가 날아와 앉자 뛰어 올라가던 아이가 넘어져 울음을 터뜨린다. 근처에서 아이들을 지켜보던 두 엄마가 헐레벌떡 뛰어온다.
　"그러게 엄마가 높은 데 올라가지 말라고 했어? 안 했어? 왜 엄마 말을 안 들어? 이 바보야!"
　한 엄마가 아이를 붙잡고 엉덩이를 때리며 혼낸다. 엄마에게 맞은 아이는 더욱 큰소리로 서럽게 운다.

"뚝 그쳐, 뚝! 얼른 그치지 못해?"

아이는 엄마의 윽박에 기가 질려 겨우 울음을 삼킨다. 반면 다른 엄마의 태도는 사뭇 다르다.

"괜찮아, 넘어져서 아팠구나. 우리 아람이가 비둘기한테 인사하려고 그랬지? 그런데 비둘기가 하늘로 훨훨 날아가 버렸네. 저기 좀 봐!"

그 말에 아이는 울음을 뚝 그치고 묻는다.

"엄마, 비둘기 어디 갔어?"

두 엄마의 차이는 무엇일까? 아이의 울음을 그치게 하려는 목표는 같았다. 하지만 한 엄마는 아이의 실수를 지적하며 비난했고, 다른 엄마는 아이의 기분을 헤아리고 관심을 다른 데로 돌렸다. 두 아이 모두 울음을 그치긴 했지만 속마음은 다를 것이다. 한 아이는 비난을 받고 주눅이 들어 부끄러움을 느꼈을 것이고, 한 아이는 세상에 대한 호기심이 생겼을 것이다.

두 엄마의 마음 또한 다를 것이다. 한 엄마는 자신의 말을 듣지 않고 가파른 계단을 올라간 아이 때문에 속이 상하고 기분이 나쁘다. 하지만 다른 엄마는 아이가 일어나 비둘기를 찾는 모습이 귀여워서 행복한 미소가 깃들 것이다.

완벽주의 성향을 가진 엄마의 특징은 실수를 용납하지 않는다는 것이다. 그러나 자신의 실수에 대해선 수치심을 느끼고 죄책감에 괴로워한다. 또한 아이의 실수에 대해 비난하거나 불같이 화를 낸다. 아이가 노력한 성과에 대해서도 '왜 좀 더 열심히 하지 않았느냐'며 채근하고, 아이를 때리거나 상처를 준다. 그 이유는 엄마의 자존감이 낮기 때문이다. 자존감이 낮은 엄마일수록 아이를 닦달하고 내 아이가 부족한 점을 견디지 못하고 지적한다.

이런 엄마는 아이가 아무리 잘하려고 노력해도 만족하지 못한다. 그래서 어떤 가족 상담 전문가들은 "집안에 완벽주의 엄마가 있으면 그것은 가족에게 재앙"이라고 말하기까지 한다. 《아이와 함께 자라는 부모》의 저자 서천석의 말을 들어보자.

"조금 부족해도 괜찮다. 못난 부분이 있어도 괜찮다. 부족한 것을 인정하자. 그렇지만 더 잘해 보려는 마음을 가질 수만 있다면 그것으로 충분하다. 잘해 보려는 마음을 갖는 것도 버겁다면 조금 뒤로 미뤄도 괜찮다. 우선 나를 지켜야 더 오래 나와 아이를 사랑할 수 있다."

많은 엄마가 자신과 아이의 부족함을 원망한다. 명심할 것은, 어렸을 때 칭찬받지 못하고, 사소한 잘못에도 크게 꾸중 받고 자란 아이는 커서도 자존감이 낮다는 것이다. 무엇보다 실수에 대한 비난을 많이 받은 아이는 마음에 더 많은 상처를 안고 살아간다.

완벽하려 애쓰지 마라. 당신과 아이의 실수를 있는 그대로 받아드리고 용납하라. 그것이 행복한 양육이다.

칭찬과 격려는 자존감의 씨앗이다

아이들을 잘 살펴보면 얌전한 아이, 덤벙대는 아이, 고집이 센 아이, 표현력이 부족한 아이, 잘 우는 아이 등 특성이 매우 다양하다. 대부분의 엄마들은 자신의 아이가 어떤 특정한 기질을 보일 때 "우리 아이가 왜 이러지?" 하며 걱정부터 한다. 그리고 이때부터 아이의 단점 때문에 스트레스를 받기 시작한다.

"우리 애는 왜 이렇게 산만한지 모르겠어요. 가만히 앉아 있질 않아요."

"애가 집에서는 종알종알 엄마랑 말을 잘하면서 책 읽는 건 왜 그리 싫어하는지 모르겠어요."

부모라면 누구나 내 아이가 모든 것을 잘했으면, 다른 아이보다 뛰어났으면 하는 바람을 가지고 있을 것이다. 하지만 반드시 기억할 것은, 아이들이 가진 특성은 부모나 아이가 바란다고 얻어지는 게 아니라는 것이다.

모든 아이는 장단점을 가지고 있다. 100% 장점이나 단점만 가지고 있는 아이는 없다. 예를 들어 고집이 센 아이는 자기주장이 강하다. 얌전하고 엄마 말을 잘 듣는 아이는 밖에서는 자기 생각을 드러내지 못하고 수동적으로 살기 쉽다. 장점인 동시에 단점이 되는 것이다. 부모라면 내 아이의 특성을 인정하고 받아들여야 한다. 특히 단점을 긍정적인 관점에서 바라볼 줄 알아야 한다.

한국 화단의 거목 운보 김기창 화백은 미술에 조금이라도 관심이 있는 사람은 누구나 알 만한 유명한 인물이다. 만 원짜리 지폐의 세종대왕을 그린 화가이기도 하다. 하지만 그의 인생은 평탄치 않았다. 1914년 서울에서 태어난 김기창은 일곱 살 때 학교에 들어갔다. 그러나 입학한 지 얼마 되지 않아 장티푸스를 심하게 앓은 뒤 청각을 잃고 학교를 그만둔다. 한때 학교 선생님이었던 운보의 어머니는 아들을 강하게 키웠다. 운보가 어디를 가든지 항상 데리고 다녔다. 이듬해 주변의 도움으로 다시 학교에 다니게 됐지만 선생님의 가르침을 알아들을 수 없었다. 지루한 시간을 견디기 위해 기창은 책이나 공책에 그림을 그리고 낙서를 했다. 아들의 그림을 유심히 들여다본 어머니는 곰곰이 생각했다. '그래, 비록 듣지는 못해도 손으로 그림을 그리고 눈으로 볼 수는 있잖아. 이 아인 그림에 남다른 소질이 있는 것 같아.'

기창의 어머닌 이렇게 아들이 그림에 남다른 재능이 있음을 발견했다. 아들이 열일곱 살이 되던 날, 어머닌 당시 임금의 초상화를 그리던 어진御眞 화가인 이당 김은호 선생을 찾아갔다. 그 후 운보는 이당에게 지도를 받았고, 1931년 '널뛰는 그림'으로 조선예술전람회에서 입선한다. 이후 운보는 한국화의 새로운 경지를 개척하며 20세기를 대표하는 한국 화가로 이름을 날렸다.

자존감이 높은 엄마는 아이의 문제를 보더라도 "너에게 문제가 있으니 넌 엄마를 힘들게 하는 나쁜 아이야."라고 생각하지 않는다. "문제가 있어도 넌 나의 소중한 아이야. 어떻게 이 문제를 해결할까?"라며 긍정적으로 받아들인다. 하지만 자존감이 낮은 엄마는 "너는 왜 만날 문제만 일으키니? 공부도 못하면서. 아휴, 내가 너 때문에 못살아. 창피해 죽겠어."라며 문제를 부정적으로 받아들인다.

한 초등학생 아들을 둔 엄마의 말이다.

"우리 애는 뭐 하나 제대로 하는 것이 없어요. 학교 갔다 와서 학원 두 군데 갔다 오면 끝이에요. 매일 게임만 하고 어쩌다 책을 읽어도 차분하게 앉아 있질 못해요. 고집은 또 얼마나 센지 소리를 버럭 질러야 겨우 말을 들어요. 알림장은 써오지도 않고, 무엇이든 대충대충 해요. 뭐 하나 마음에 쏙 드는 구석이 없고, 제 아이지만 정말 너무 실망스러워요. 모든 것이 마음에 안 드니까 자꾸 화를 내게 되고 아이하고도 사이가 점점 나빠지는 것 같아요. 우리 아이의 단점을 없앨 방법이 있을까요?"

그럼 나는 이렇게 조언한다.

"어머님, 아이의 단점을 다르게 볼 필요가 있습니다. 단점을 뒤집으면 장점이 되거든요."

아이가 고집이 센 것은 뒤집어 보면 '의지가 강하다', '자기주장이 확실하다'는 의미가 될 수 있다. 산만하다는 것은 '호기심이 왕성하고 건강한 아이'라는 의미가 될 수 있다. 신경질적인 아이는 '감수성이 예민하고 감정이 풍부한 아이'로 뒤집어 생각할 수 있다.

엄마가 세상에서 가장 사랑하는 존재는 다름 아닌 아이다. 그런데 엄마는 왜 아이의 장점보다 단점이 더 눈에 들어올까? 그 이유는 세 가지다.

첫째, 엄마의 눈높이가 높기 때문이다. 아이의 수준에서 바라보지 않고 엄마의 수준에서 바라보니 마음에 들지 않고 단점만 보인다.

둘째, 아이를 잘 키워야 하고 내 아이가 다른 아이보다 뛰어나야 한다는 욕심과 강박관념이 앞서기 때문이다.

셋째, 평소 아이와 함께 있는 시간이 많다 보니 아이를 객관적으로 보지 못하고 주관적으로만 보기 때문이다. 그렇다 보니 사소하고 대수롭지 않은 일도 크게 느끼게 되고 단점으로 보이는 것이다.

대부분의 부모는 아이의 장점보다는 단점에 집중하는 경향이 있다. 아이가 9개의 장점과 단 1개의 단점을 가졌는데도 어떻게든 1개의 단점을 고쳐 10개의 장점을 만들려고 하는 것이다. 단점만 고치면 멋진 아이가 될 거라 생각하는 것이다. 하지만 정말 그럴까?

유대인 부모의 교육은 다르다. 그들은 자신의 자녀가 다른 아이와 어디가 어떻게 다른지를 찾아내 그 점을 발전시켜 주기 위해 노력한다. 결코 자녀가 다른 아이들과 똑같이 행동하고 똑같이 생각하며 판에 박힌 듯 자라는 것을 원하지 않는다. 자녀의 재능을 존중하고, 그 개성을 충분히 발휘할 줄 아는 사람으로 성장케 하는 것이 바람직하다는 것을 굳게 믿고 있기 때문이다.

유대인 부모에게 영어, 중국어, 불어, 일어를 자유롭게 구사하는 딸이 있다고 치자. 부모는 기회가 있을 때마다 딸에게 "너는 어학에 재능이 있단다. 너는 동시통역사가 되면 좋겠구나."라고 말해 준다. "어학은 뛰어나니까 수학을 좀 더 열심히 하면 일 등 할 수 있을 거야."라고 말하지 않는다. 내 아이에게서 다른 아이에겐 없는 장점이 무엇인지 발견하고, 긴 안목으로 아이를 지켜보면서 성장할 수 있도록 도와주는 것이다.

모든 아이는 장점과 단점을 동시에 가지고 있다. 다만 엄마가 어느 쪽에 시선을 두느냐에 따라 그것이 장점으로 보이기도 하고 단점으로 보이기도 한다. 단점으로 보지 않기 위한 4가지 방법을 제안한다.

첫째, 장점을 끊임없이 칭찬해 준다. 그러면 아이의 자존감이 높아져 단점을 극복하려는 노력을 보인다.

둘째, 엄마의 기대와 욕심을 버리고 조금 더디더라도 기다려 준다.

셋째, 완벽한 부모가 없듯이 완벽한 아이도 없다. 아이의 있는 그대로를 인정하고 받아들인다.

넷째, 아이의 행동만을 보지 말고 아이의 감정을 수용하고 공감해 준다.

세상에 100% 좋거나 100% 나쁜 것은 없다. 아이도 마찬가지다. 장점과 단점이 골고루 섞여 있다. 다만 어떤 눈으로 아이를 보느냐에 따라 장점이 많은 아이가 될 수도 있고 단점이 많은 아이가 될 수도 있다. 자존감이 높은 엄마는 주로 아이의 장점을 보는 경향이 있고, 자존감이 낮은 엄마는 아이의 단점을 보는 경향이 있다. 아이도 마찬가지다. 자존감이 높은 아이는 "나는 참 소중한 사람이야. 단점이 있긴 하지만 장점도 많아. 열심히 노력하면 좋은 결과가 있을 거야."라고 말한다. 반면 자존감이 낮은 아이는 "나는 왜 잘하는 것이 없을까. 난 쓸모없는 아이야."라며 자신을 한없이 비하한다.

아이의 자존감을 높이고 싶다면 아이의 장점을 끊임없이 칭찬하고 격려하라. 아이를 대할 때 의식적으로 장점을 먼저 생각하고 의욕을 북돋아 주라. 칭찬과 격려는 자존감의 씨앗이다.

부모는 자녀를
비추는 거울이다

○

○

러시아의 교육학자 레프 비고츠키^{Lev Vygotsky}는 이렇게 말했다.

"부모의 행동은 자녀에게 큰 영향을 준다. 자녀와 대화를 나누며 지도했다고 해서 자녀를 교육시켰다고 착각하지 마라. 매순간, 심지어 부모가 집에 있지 않을 때도 자녀는 교육을 받고 있다. 부모가 어떤 옷을 입고 어떤 사람들에게 어떤 식으로 말하며 즐거움과 불쾌함을 어떻게 표현하고 다른 사람들을 어떻게 대하는지 또 어떻게 웃고 어떻게 대하는지가 모두 교육적으로 큰 의미가 있다."

평소 '부모는 아이를 비추는 거울'이라는 생각을 가지고 아이를 보면서 스스로를 돌아보라. 그러면 당신이 어떻게 생활하는지 알 수 있을 것이다.

초등학교에 근무하는 한 후배 교사의 얘기다. 2학년 담임을 맡고 있는 그는 작년에 당황스런 일을 겪었다. 후배의 학교는 통합학급을 운영하고 있는데, 다리에 힘이 없어 목발을 짚고 겨우 걷거나 가끔 휠체어로 이동하는 특수아 한 명이 소속되었다고 한다. 그 학생은 시간표에 따라 특수학급에서 특수교사의 지도를 받을 때도 있지만 미술 시간 등은 일반 학생과 통합수업을 받았다. 그러던 어느 날, 반의 남자 아이가 옆 자리에 있는 특수아를 밀어 넘어뜨렸다. 담임인 후배가 교실에 있었지만 잠깐 사이에 일어난 일이라 손 쓸 겨를이 없었다. 넘어진 아이는 울음을 터트렸지만 다행히 다친 데가 없어 한숨을 돌렸다. 후배는 일단 수업이 끝난 뒤 아이를 넘어트린 학생과 상담을 하기로 했다.

상담을 하다 보니 남자 아이는 아무런 이유 없이, 그것도 몸이 불편한 친구를 밀친 것에 대해 전혀 반성하는 기색이 없었다. 화가 난 후배는 "네가 친구를 밀친 게 잘못한 일이 아니니? 더구나 그 아이는 몸이 불편하잖아. 다쳤으면 어쩔 뻔했니?"라고 물었다. 그러자 그때까지 빤히 선생님을 쳐다보던 아이가 갑자기 윗도리를 벗더니 소리를 지르기 시작했다.

"그래서, 어쩔 건데? 죽여 봐! 죽여 봐!"

교사 경력 십여 년 만에 처음 겪는 당황스런 일이었다. 이제 겨우 아홉 살밖에 안 된 초등학교 2학년 아이 입에서 나오는 말이라곤 도저히 믿을 수가 없었다. 나중에 알고 보니 그 아이는 부모님이 이혼한 뒤 아빠, 할머니와 함께 사는데 아빠가 매일 술을 먹고 집에 들어와 윗도리를 벗고 술주정을 한다고 했다.

아이는 부모가 느끼지 못하는 순간에도 부모의 행동을 배우고, 부모가 하는 말을 스펀지처럼 받아들인다. 심지어 부모가 느끼는 감정까지 예리하게 흡수한다. 그래서 유심히 지켜보면 부모가 자주 하는 행동이나 말을 그대로 따라한다. 예를 들면 아빠가 욕설을 많이 내뱉는 집의 아이는 입에서 불쑥불쑥 욕설이 튀어나온다. 엄마가 아이 손을 잡고 무단횡단을 하는 모습을 자주 보여주면 아이도 무단횡단을 자연스럽게 여기게 된다.

내 아이가 진정 행복한 모습으로 살기를 바라는가? 그렇다면 당신의 말과 행동을 먼저 돌아보라. 언제나 긍정적인 태도로 아이를 대하라. 아이의 행동과 생각이 조금 마음에 들지 않더라도 조급하게 생각하지 말고 기다려 주는 여유를 보여라. 어른인 부모도 매일 실수하기 마련이거늘 아이가 실수하는 것은 당연하지 않겠는가. 부모가 아이의 실수를 당연하다고 생각하면 아이도 실수를 부끄럽게 생각하지 않게 되어 자존감에 손상을 입지 않는다. 오히려 실수를 배움의 기회로 삼아 더 좋은 결과를 얻을 수 있다.

그동안 학교에서 아이를 가르치면서 관찰한 결과 가정에서 부모의 충분한 사랑과 관심을 받고 자란 아이는 친구 관계도 원만하고 학교 생활도 즐거워하는 모습을 볼 수 있었다. 자신의 실수를 인정하고 너그럽게 받아들이는 한편 친구의 실수도 너그럽게 이해하는 모습을 보였다. 그러나 부모의 사랑을 충분히 받지 못하고 자란 아이는 충분히 받고 자란 아이에 비해 친구 관계와 학교 생활 모두 덜 원만하고 덜 즐거운 모습을 보였다.

지윤이는 선택적 함묵증 증세를 가진 아이였다. 젖먹이 때 부모가 이혼하고 일하는 할머니와 살게 되면서 어린이집에 맡겨져 자랐다고 한다. 지윤인 교실에서 온종일 낙서를 하거나 가위로 색종이를 오리면서 혼자만의 시간 속에 갇혀 지냈다. 아이들이 모두 하교하고 난 뒤에는 나에게 다가와 조곤조곤 말도 하곤 했지만 지윤이의 근본적인 외로움을 채워주기에는 한계가 있었다. 엄마는 세상을 보는 창인데 창 없이 자라다 보니 자신의 존재를 지지해 줄 양육자가 없다는 생각에 마음의 문을 닫아 버린 것이다.

　어린 시절, 부모의 사랑이 얼마나 중요한지 알 수 있게 해 주는 사례다. 그 원인은 어린 시절에 형성되는 자존감에 있다. 부모는 아이가 어릴 때부터 끊임없는 대화를 하고 최대한의 사랑과 관심을 쏟아야 한다. 중요한 것은, 이때 아이에게 미움, 증오, 경멸 등의 부정적인 감정이 전달되면 그 감정이 해소되지 못한 채 꿈속으로까지 파고든다는 것이다. 그러므로 가능하면 긍정, 사랑, 칭찬, 격려 섞인 말을 하는 것이 중요하다.

　이것을 증명해 보인 사람은 '꿈의 해석'으로 유명한 유태인 심리학자 프로이트다.

　어느 날 프로이트는 가족과 함께 지내던 산장에서 딸 안나의 잠꼬대를 들었다.

　"안나 프로이트, 딸기 많이! 딸기 많이!"

　안나는 그날 아침 배탈이 나 딸기를 먹지 못했는데, 딸기를 먹고 싶은 욕구가 고스란히 꿈으로 나타난 것이다. 이후 프로이트는 천여 가지 실례를 모아 꿈은 무의식에서 나오며, 어린 시절의 달갑지 않은 감정도 무의식 속에 남아 있다는 사실을 밝혀냈다.

　아이의 자존감이 낮다면 지금까지의 양육 태도와 행동, 말을 바꿔야 한다. 그동안 아이의 말과 행동에 부정적인 반응을 보였다면 긍정적인 반응을 보이도록 노력해 보라. "잘했어!", "괜찮아!", "그럴 수도 있지.", "엄만 너를 믿어."와 같이 아이에게 힘을

"잘했어."

주는 말을 해 주면 된다. 이런 말을 들으면서 아이는 서서히 자존감을 높여 나간다. 이렇게 하기 위해선 부모가 먼저 여유가 필요하다고 최경선은 《스칸디식 교육법》에서 말했다.

"먼저 부모가 여유를 가져야 아이의 눈높이에서 생각하고 말할 수 있습니다. 아이는 부모가 자신의 눈높이에서 말하고 경청해 줄 때 부모가 자신을 존중해 준다고 여깁니다. 따라서 현재 아이의 자존감이 낮더라도 지금부터 아이를 존중해 줌으로써 자존감을 높여 줄 수 있습니다. 아이들은 자존감이 높을수록 자신감 역시 높아져 또래들과 잘 어울릴 수 있을 뿐 아니라 힘든 일이 있어도 스스로 극복해 내고자 노력하게 됩니다. 아이와 함께 시간을 보내면서 작은 일이라도 스스로 해 보도록 격려하고 결과가 좋지 않더라도 시도했을 때 칭찬해 주는 것이 좋습니다."

많은 부모가 아이의 자존감을 키워주기 위해 노력하고 있다. 그럼에도 불구하고 아이의 자존감 키는 쑥쑥 자라지 않는다. 왜 그럴까? 부모가 아이의 말을 존중하지 않기 때문이다. 아이는 외부에서 오는 자극, 즉 부모의 말에 가장 큰 영향을 받는다. 부모의 말을 통해 자신이 존중받는다는 마음이 들 때 자존감의 키가 쑥쑥 자란다. 작은 실수에도 크게 꾸짖거나 비난당하는 아이의 자존감 키는 커지기는커녕 점점 움츠러든다. 아이는 부모를 통해 자신의 가치와 소중함을 인식하기 때문이다.

다시 한번 강조하건대, 자존감이 높은 아이로 키우려면 부모의 자존감을 먼저 높여라. 유아기와 아동기를 거치며 형성된 자존감은 성인이 된 뒤 삶의 질을 형성하고, 나중에 자녀에게도 큰 영향을 미친다. 그러므로 부모가 먼저 내 자존감은 어느 정도인지 되돌아보아야 한다.

자녀는 부모를 보며 자신이 어떤 존재인지 알아가고 세상을 살아가는 방법을 익히게 된다. 아이의 자존감을 높이기 전에 먼저 자신을 돌아보며 열등감은 없는지, 아직도 해결되지 않은 부모와의 상처가 남아 있지는 않은지 점검해 보라. 내 아이에게 맑고 깨끗한 거울이 되기 원한다면 말이다.

엄마의 자존감은
아이의 등불이다

○

○

소설 《대지》의 작가 펄 벅은 말했다.

"가정은 나의 대지^{大地}다. 나는 거기서 나의 정신적인 영양을 섭취하고 있다."

부모는 가정이라는 대지 위에 나무를 심고 숲을 가꾸는 존재다. 자녀는 부모가 가꾸는 숲에서 뛰어놀며 영양을 섭취하면서 성장해 언젠가는 그 숲을 떠나 새롭고 더 큰 세상으로 나아갈 것이다. 이때 숲을 잘 가꾸는 부모가 있는가 하면 숲을 가꾸는 데 서툰 부모도 있다. 또한 부모는 가족의 리더다. 앞에서 줄곧 말했듯이 부모의 자존감 수준이 아이의 심리적·사회적인 행복 수준을 결정한다. 한 가족의 책임자인 부모의 자존감이 낮으면 아이의 자존감도 낮을 수밖에 없다. 그러므로 특히 물리적·시간적으로 늘 가까이에서 아이와 함께하는 엄마의 자존감은 아이에게 절대적인 영향을 끼친다. 그런 점에서 어릴 때의 자존감이 평생을 좌우한다고 해도 과언이 아니다.

얼마 전 초등학교 친구 은주가 속내를 털어놓았다.

"어렸을 때 부모님은 늘 나의 의견을 무시하셨어. 군인이셨던 아버지는 바쁜 탓에 매일 볼 수도 없었지만 어쩌다 집에 오셔도 너무 엄해서 따뜻한 대화를 나눈 기억이 없어. 엄마는 당신의 기대와 달리 외동딸인 내가 공부도 별로 잘하지 못하고 매사에 의욕이 없는 것을 매우 못마땅하게 여기셨어. 부모님이 원하는 고등학교에 입학하지 못하자 부모님은 나 때문에 자주 다투셨고, 난 두 분의 다투는 소릴 들으며 잠자리에 드는 날이 많았어. 그 이후에도 나를 볼 때마다 속상해하는 엄마를 보면서 내가 무능력한 존재라는 생각이 들어 무척 힘들었어. 지금도 마음 한편으로 세상을 잘살 수 있을까, 라는 불안감이 들어. 내가 아직 독신으로 지내는 것과 무관하지 않을 거야."

은주가 얼마나 힘들었을지 이해가 됐다. 친구와 헤어진 뒤에도 안타까운 마음을 지을 수 없었다. 그런데 주변을 보면 은주처럼 부모님께 자존심에 상처를 입고 사는 사람이 꽤 많다. 그들은 하나같이 자존감이 무척 낮은데, 안타깝게도 자신의 삶의 주체가 되어 살지 못하고 타인에 의해 억지로 끌려가는 삶을 살고 있다. 어렸을 때 받은 상처를 아직까지 치유하지 못한 채 행복하지 않은 삶을 살고 있는 것이다. 엄마의 자존감이 높아야 아이의 자존감도 높아진다고 강조하는 이유는, 엄마는 아이의 등불이기 때문이다. 등불이 밝으면 세상을 힘차게 헤쳐 나갈 수 있지만 어둡고 칙칙하면 어두운 곳에서 헤매고 넘어질 수밖에 없다. 은주의 사례에서도 볼 수 있듯이 어린 시절 부모의 말과 행동은 그를 자존감 낮은 성인으로 만들었고, 그 결과 은주가 즐겁지 않은 삶을 살도록 했다. 부모가 어두운 등불을 드리운 것이다.

한 엄마가 고민을 털어놓았다.

"저는 어릴 때 성장 과정에서 문제가 있어 자존감이 낮은 것 같아요. 내가 하고 싶은 말이 있어도 '저 사람이 내 말을 무시하면 어쩌지?'라는 생각이 앞서 입이 떨어지지 않아요. 어떨 땐 옆집 엄마의 말이 부당하고 억울해 아니라고 말하고 싶어도 결국엔 그냥 참고 말아요. 속으로는 화가 나는데 겉으로는 아무렇지 않은 척하는 거예요. 그 상황이 지나고 나서야 제가 꼭 바보 같다는 생각이 들어 속이 상하고 분노가 끓어올라요. 그리고 무슨 일을 해도 강박관념에 사로잡혀 '일이 잘못되면 어쩌나?' 하는 생각에 마음이 항상 불안해요. 인간관계에서도 만족을 느끼지 못해요. 다른 아이가 우리 아이보다 시험을 잘 보거나 상을 받았다는 말만 들어도 속이 상해 공연히 아이에게 신경질을 부려요. 이런 내가 너무 싫고 아이한테도 미안하지만 고쳐지질 않아요. 선생님, 자존감을 높일 방법이 없을까요?”

이런 사람은 의식적으로 자존감을 높이려고 노력하지 않는 이상 힘든 인생을 살 수밖에 없다. 엄마 자신도 힘들겠지만 인간관계, 특히 자녀 교육에서 심리학이 말하는 ‘투사’ 심리가 작용하여 아이를 힘들게 하는 엄마가 될 수 있다.

‘투사’란 개인의 성향인 태도나 특성에 대하여 다른 사람에게 무의식적으로 그 원인을 돌리는 심리적 현상을 말한다. 정신분석 이론에서는 투사에 대해 사람들이 다른 사람에게 죄의식이나 열등감, 공격성과 같은 감정을 돌림으로써 부정할 수 있는 방어기제라고 본다. 다시 말해, 엄마의 열등감과 죄의식, 분노를 상대적으로 약한 아이에게 돌리는 것이다. 아이가 사소한 잘못을 해도 큰일이 난 것처럼 호되게 야단을 치거나 자신이 불행한 것이 남편이나 아이 때문인 것처럼 짜증을 내는 것이 그 예다. 이러한 투사 현상은 무의식적으로 일어나기 때문에 엄마 자신이 알아채지 못한다는 데 심각한 문제가 있다. 이렇게 자존감이 낮은 엄마의 특징은 다음과 같다.

• 문제가 있으면 핑계를 대거나 상대방의 탓으로 돌린다.

• 쉽게 짜증을 내고 화를 내며 불안해한다.

• 강박적인 증세가 있어 재미있게 노는 것을 못한다.

• 다른 사람에게는 친절하면서 자신의 아이나 남편은 비난한다.

• 타인의 말에 쉽게 상처를 받고, 자기 방어 수단으로 분노를 자주 폭발한다.

• 자신에게 좋은 감정을 갖지 못하는 탓에 항상 다른 사람의 부족한 점을
  지적한다.

• 기쁠 때는 행복해하지만 시련이 닥치면 피하려고 한다.

• 다른 사람이 아프거나 힘들 때 함께 하지 않고 회피하려는 경향이 있다.

자존감이 낮은 사람은 행복한 삶을 방해하는 요소를 두루 가지고 있다. 그러니 불행한 삶을 살 확률이 높을 수밖에 없다. 그래서 나는 부모들에게 늦기 전에 아이의 자존감을 바로잡아 주어야 한다고 강조한다. 자존감은 어렸을 때, 즉 여덟 살 이전에 형성되기 때문에 성인이 되어서는 높이기가 무척 힘들다. 그런 만큼 의식적으로라도 훈련을 통해 자존감을 높이려는 노력을 하는 것이 중요하다.

자존감이 낮은 아이 뒤에는 항상 자존감이 낮은 부모가 있다. 부모의 자존감은 그대로 아이에게 이어진다. 가장 기본은 양육 태도, 즉 말과 행동을 바꾸는 것이다. 앞에서도 강조했지만, 그동

안 아이의 말과 행동에 관심과 애정이 적었다면 이제부터 긍정적인 반응을 보이도록 노력하라. 아이가 부모에게 받은 긍정적인 느낌은 아이의 자존감을 키우는 영양제로 작용한다. "잘하네.", "괜찮아.", "엄만 너를 믿어.", "더 잘할 수 있어." 등의 말을 자주 하라. 이런 긍정적인 말이야말로 아이의 미래를 비추는 밝은 등불로 작용함을 잊지 마라.

스킨십은
자존감을 키우는
영양제다

○

○

아이는 언제나 사랑받는다는 느낌, 받아들여진다는 느낌을 안정적으로 느껴야 한다. 그렇지 않으면 학업, 외모, 성격과 상관없이 자신의 가치를 의심하고 열등감의 지배를 당하게 된다.

《남편 성격만 알아도 행복해진다》(이백용 지음)는 책을 보면 부부가 싸우는 이유는 서로 사랑하지 않아서가 아니라 성격이 달라서라고 한다. 하지만 부부간의 갈등 원인 중 성격 차이라고 설명하기에 한계가 있는 부분이 있는데, 바로 어릴 때 형성된 열등감이 원인인 '열등감의 아이'다. '열등감의 아이'는 마음이 상처로 얼룩져 있는 상태라 성인이 된 뒤에도 자라지 않아 '성인 아이'라고 불린다.

미국의 정신분석가 하인즈 코허트^{Heinz Kohut}는 정신 건강을 위해서는 '건강한 자기애'가 꼭 필요하다고 했다. 건강한 자기애는 자존감과 같은 의미이기도 하다. 병적인 자기애가 특별히 자신이 뛰어나다고 생각하고 남을 지배하려는 일종의 나르시시즘이라면, 건강한 자기애는 자신을 사랑할 뿐 아니라 다른 사람의 인생도 소중하게 여기는 건강한 마음이다.

어떤 사람은 나르시시즘을 심리적 성장과 발달의 정상적인 한 부분으로 보기도 한다. 이른 바 '나이에 맞는 나르시시즘'이라고 하는 개념으로, 자신의 나이에 맞는 건강한 나르시시즘이 그것이다. 예를 들면, 아이는 자기의 관점으로 이해하고 행동하는데 아동의 이런 자기중심성은 지극히 정상적인 것이다. 그러나 같은 행동이나 태도를 성인이 보인다면 나이에 맞지 않으므로 정상이라고 볼 수 없다. 코허트 박사에 의하면 건강한 나르시시즘을 가진 사람의 특징은 다음과 같다.

- 타인에게 공감할 수 있다.
- 유머 감각이 있다.
- 창조적이다.

이 외에도 건강한 나르시시즘에 다음과 같은 특징을 덧붙일 수 있다.

• 자기뿐만 아니라 다른 사람의 인격도 존중한다.

• 인간관계가 원만하다.

• 매사에 긍정적인 마음으로 최선을 다한다.

• 자신이 하는 일에 책임을 진다.

코허트 박사는 갓난아기 때 건강한 자기애가 생긴다고 했다. 갓난아이는 자아상이 없다. 그래서 자기가 예쁜지 미운지 잘 모른다. 다만 엄마라는 창에 비친 모습을 보고 비로소 자기를 확인한다. 앞에서 부모를 일컬어 아이를 비추는 창이라고 한 것과 간다. 그래서 엄마를 '반사 자기 대상^{mirroring self obgect}'이라고 부른다.

엄마가 아이를 보고 미소를 짓고 다정한 말을 하면 아이는 자기가 사랑 받을 만한 아이라고 느껴 자존감이 높아진다. 반대로 엄마가 짜증을 내고 아이를 보며 찡그리거나 화를 내면 아이는 사람들이 자기를 싫어한다고 느껴 낮은 자존감을 갖게 된다. 코허트 박사는 이런 자존감을 '금이 간 상태'라고 표현했다. 이런 사람들은 금이 간 유리그릇처럼 작은 충격에도 자아가 쉽게 깨지고 만다. 그래서 작은 비난에도 쉽게 마음이 상하고 분노를 표출하며, 자신을 싫어하는 눈치가 조금만 보여도 낙심하고 포기한다.

아이가 세상에 태어나 처음 만나는 사람은 엄마다. 그리고 엄마와 살면서 수백 번, 수천 번 긍정적 경험과 부정적 경험을 반복한다. 이런 경험들이 쌓여 아이의 자존감이 형성된다.

엄마가 아이에게 주는 긍정적인 애정과 관심의 표현은 '심적 스킨십'이나 마찬가지다. 엄마와 아이의 스킨십은 매우 중요한데, 전문가에 의하면 태어나자마자 부모와 신체적인 접촉을 많이 한 아이는 두뇌 발달에 도움이 되는 '베타엔도르핀'의 분비가 촉진된다고 한다. 피부를 통해 받아들인 아주 약한 자극도 뇌에 빠르게 전달되어 자연스럽게 두뇌 발달을 자극한다고 한다. 애정이 듬뿍 담긴 스킨십은 엄마가 아이에게 줄 수 있는 가장 큰 선물이다. 아이가 칭찬 받을 일을 했을 때 스킨십을 해 주면 아이는 '엄마가 나를 사랑하는구나'라고 느껴 더 큰 자부심을 갖게 된다. 그리고 이런 마음은 아이의 자존감을 높이고 자신감을 키우는 원동력으로 작용한다.

초등학교 2학년 짜리 외동 남자아이를 키우고 있는 엄마의 고민이다.

"아이가 얼마 전부터 부쩍 저에게 안기고 볼을 비비려고 합니다. 아이가 어렸을 때 저는 워킹맘이었어요. 밤이 늦어 퇴근하면 힘이 들어 아이가 무릎에 앉으려 해도 밀쳐낼 때가 많았어요. 그러다가 '이게 아닌데' 하는 생각이 들어 아이가 가까이 오면 안아주기 시작한 게 얼마 되지 않네요. 그런데 한번 안기면 잠깐이 아니라 한참을 안아주어야 해요. 초등학교 2학년이나 된 아이가 아기 짓을 하는 건 아닌지 조금 걱정이 돼요. 어떻게 해야 좋을지 모르겠어요."

이 아이는 평소에 엄마와 정서적으로 충분한 교감을 나누지 못했을 가능성이 높다. 어렸을 때 오랜 시간 함께 있지 못한 엄마의 손과 품이 그리워 나타난 행동으로 볼 수 있다. 그러나 엄마는 하루 종일 회사 업무에 지쳐 아이의 스킨십 요구를 받아주지 못했고, 초등학생인 지금까지 아이는 스킨십을 갈망하고 있다. 관심과 애정을 보내달라는 아이의 신호에 어리광을 피운다고 야단쳐서는 안 된다. 어릴 적에 충족시켜 주지 못한 아이의 마음을 품어주고 엄마가 늘 곁에 있다는 마음의 안정을 주어야 한다.

스킨십을 강조하는 이유는 간단하다. 엄마의 스킨십이 부족하면 아이가 건강하게 자랄 수 없기 때문이다. 이와 관련된 흥미로운 실험 하나를 소개한다.

18세기 러시아를 지배했던 프레데릭 2세는 '모든 신생아는 자신만의 언어를 갖고 태어난다'는 엉뚱한 확신을 하고 있었다. 그는 30여 명의 신생아를 엄마와 격리하고는 무언의 공간에서 영양만을 공급했다. 말을 배우지 않아도 자신만의 언어로 저절로 말문이 트일 것이란 예상에서였다. 그러나 애정 어린 엄마의 말을

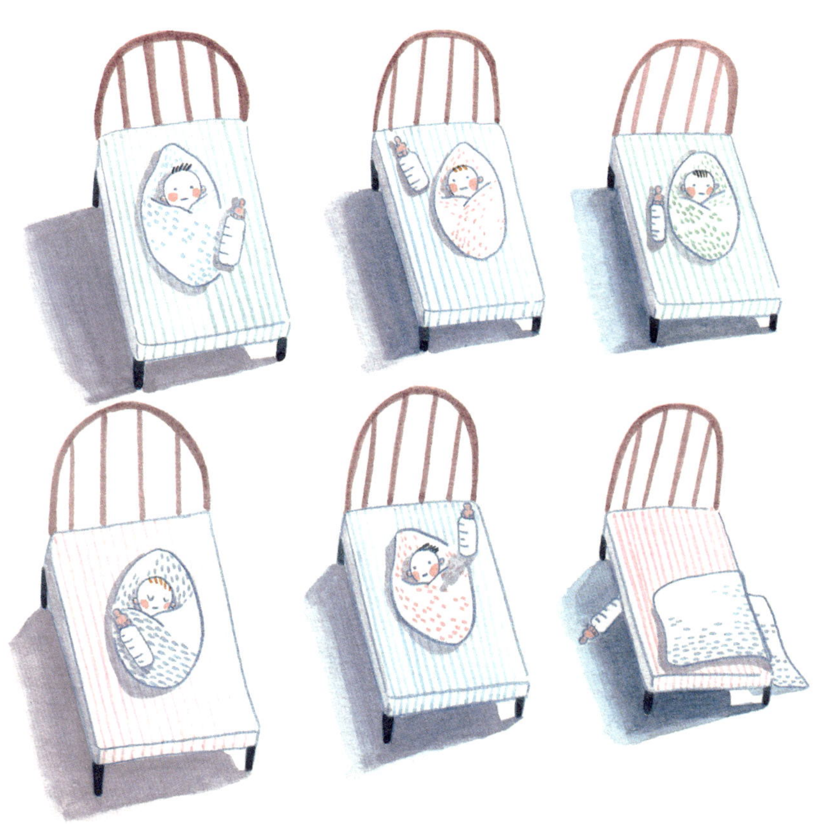

들지 못한 아기들은 말문이 트이기도 전에 하나둘 죽어 나갔다.

부모의 사랑을 받지 못한 아이는 성장에 필요한 호르몬 분비가 적어져 발달에 장애가 생긴다는 것을 보여주는 무서운 실험이다.

아이에게 사랑을 쏟지 못하는 것도 문제지만 지나치게 서두르고 집착하는 엄마도 문제다. 마음이 조급한 엄마는 여유를 갖고 아이를 기다리지 못한다. "어휴, 답답해!", "쟨 누굴 닮아서 저렇게 느려 터졌는지 몰라."라는 비난이 칭찬을 대신한다. 이런 부모를 둔 아이는 스스로 문제를 해결하려는 의지가 부족하다. 자존감의 중요한 요소 중 하나가 자기 능력에 대한 자신감인데, 이런 아이는 성취감을 느끼지 못하기 때문에 자신감을 가질 수가 없다. 이럴수록 엄마의 마음은 점점 더 조급해져 아이를 채근하게 되고, 아이는 자존감이 낮아져 엄마에게 의존하게 된다. 이런 성향은 아이가 유치원에 갈 즈음 더욱 드러난다. 낯선 공간과 상황에 적응하는 것을 어려워할 뿐만 아니라 엄마와 떨어지지 않으려는 '분리 불안'이 일어나기 때문이다. 그동안 의지해 온 엄마를 잃어버릴까 봐 두려운 것이다. 특히 자존감이 낮은 아이일수록 분리 불안이 심하다. 심지어는 초등학교에 입학한 뒤에도 낯선 친구들이 있는 교실에 들어가지 않고 엄마 치맛자락을 붙드는 아이도 있다. 초등학교를 그럭저럭 넘긴다 해도 사춘기에 들어선 뒤 자존감이 낮은 아이들은 자주 문제를 일으킨다. 친구 관계, 학업 스트레스, 엄마의 잔소리 등으로 마음은 자꾸 움츠러드는데 그 어디에서도 안식처를 찾을 수 없기 때문이다.

정신 분석가들은 "좋은 부모를 만난 아이들은 자존감이 높다."고 말한다. 정신분석의 창시자인 프로이트도 〈나르시시즘〉이라는 논문에서 이 문제를 다뤘다. 즉 갓 태어난 아이들은 세상에 자기 혼자뿐인데, 이때 아이는 모든 리비도를 자신에게 준다. 자기도취와 자기 사랑의 단계다. 그러다가 자라면서 부모라는 존재가 나타난다. 아이는 부모를 좋아하고, 점차 아이의 마음속에도 부모의 상이 생긴다. 아이는 자기 안에서 부모의 자랑스러운 모습을 확인하며 자기를 자랑스럽게 느껴진다. 리비도가 자기 속의 자랑스러운 부분에 쏟아진다. 이것이 자기애, 즉 자존감이다.

아이 스스로 자신을 자랑스럽게 느낄 때가 있다. 그 감정을 자세히 들여다보면 '아빠(혹은 엄마)가 나를 인정해 줄 거야', '칭찬해 줄 거야' 하는 기대가 들어 있다. 이때 아이는 자존감을 느낀다. 내 아이가 성장하는 과정에서 내가 아이에게 쏟은 관심과 애정, 그리고 스킨십이 내 아이의 자존감을 높이는 영양제가 됨을 잊지 마라.

눈치 보는 소심한 아이,
자존감 살리는 4가지 방법

1. 아이가 서툴러도 절대 다그치거나 부정적인 말을 하지 않는다

놀이나 학습, 생활에서 아이가 망설이거나 제대로 하지 못하고 서투를 때 "제대로 하는 것이 없구나."라는 식의 말은 절대 하지 않고 인내심을 가지고 기다리며 격려한다.

2. 실패를 해도 야단치지 않고 실패를 통해 배울 수 있는 기회로 활용하도록 돕는다

아이가 혹여 잘못을 하거나 실패를 하더라도 야단치지 않고 격려해 주어야 한다. "괜찮아, 엄마도 어릴 때 실수를 많이 했단다. 어떻게 하면 더 잘할 수 있을지 생각해 보자."라고 격려하며 실패나 실수를 부끄럽게 생각하지 않도록 해 줘야 한다.

3. 아이와 눈을 맞추고 아이의 말에 공감한다

얘기를 할 때 아이와 눈을 맞추고 '엄마가 너를 사랑하고 너의 생각을 충분히 이해한다'는 마음이 전달될 수 있도록 경청한다. 엄마의 말만 하거나 답답하다고 비난 또는 잔소리를 하는 것은 금물이다. 아이가 자신의 주장을 마음껏 펼칠 수 있도록 공감하고 존중해 주라.

4. 욕심을 줄이고 작은 성공 경험부터 차츰 늘려주어라

엄마의 욕심을 줄이고 눈높이를 낮춰 아주 작은 성공 경험이라도 마음껏 칭찬해 주라. 눈치 보고 소심한 아이는 자존감이 낮을 확률이 높다. 지난번에 비해 시험을 잘 봤다면 "조금만 더 잘했으면 좋았을 텐데."라고 말하기보다는 "열심히 공부하더니 성적이 올랐구나! 잘했어."라는 말로 결과보다 노력을 칭찬해 준다. 이렇게 하면 결과에 연연하지 않고 도전의 과정을 중시할 줄 아는 아이로 성장한다.

자존감이 낮은 사람의 특징

1. 허풍을 떨거나 과장이 많다

자존감 높은 사람은 자기 자신을 있는 그대로 받아들이고 만족한다. 그러나 자존감이 낮은 사람은 말과 행동에 허풍이나 과장이 많다.

2. 남 탓을 하며 비난한다

상황이 좋지 않을 때 남 탓을 하거나 남을 비난하고 공격한다.

3. 작은 일에도 쉽게 상처 받고 갑자기 화를 낸다

열등감이 자리 잡고 있어 작은 일에도 쉽게 상처를 받고 갑자기 화를 내 주위 사람들을 당황하게 한다.

4. 자기합리화를 잘한다

잘못을 인정하지 않고 자신은 잘못이 없다는 듯 자기합리화한다.

5. 지나치게 수줍어한다

겸손과는 달리 지나치게 자신을 낮추고 부끄러워한다.

6. 거절하는 데 서툴다

거절해야 할 일이 생겼을 때도 선뜻 거절을 못하고 어려워한다.

7. 완벽주의 경향이 강하다

웬만한 일에 만족하지 못하고 끊임없이 완벽을 추구한다.

8. 착한 사람 콤플렉스에 빠져 있다

자기주장을 하면 다른 사람에게 나쁜 평판을 받을까 두려워 긍정적인 비판을 하지 못하고 무조건 긍정으로 받아들인다.

9. 선택을 잘 못한다

두 가지 물건이나 일 중에 선택할 일이 있을 때 확신이 부족하여 선택이나 결정을 매우 어려워한다.

10. 다른 사람의 말에 민감하게 반응한다

다른 사람의 말이나 비판에 매우 민감하게 반응하고 감정의 기복이 크다.

3장

자존감의 크기가 행복의 크기다

사람은 누구나 고유한 가치를 지닌 존재다

자존감이 높은 아이와 자존감이 낮은 아이는 각각의 특성이 있다. 먼저 자존감이 높은 아이의 특성은 다음과 같다.

• 배우고자 하는 열정이 있다.

• 도전을 즐기고, 여간해서 포기하지 않는다.

• 실수와 실패를 부끄럽게 여기지 않고 기회로 받아들인다.

• 자신의 장점과 단점을 잘 알고 있다.

• 작은 일에 동요하지 않고 여유가 있다.

• 자신에 대한 비난에 대해 마음이 열려 있다.

• 행동에 대한 제재를 긍정적으로 받아들인다.

반면에 자존감이 낮은 아이의 특성은 다음과 같다.

- 공부에 대한 흥미를 느끼지 못한다.

- 실수와 실패를 두려워하고 쉽게 포기한다.

- 완벽주의 기질이 보이고, 학업에 지나치게 몰입하거나 공부는 하지 않으면서 허풍을 떤다.

- 비난에 지나치게 민감하게 반응한다.

- 도전하는 것을 꺼려 한다.

- 자기를 스스로 판단한다("난 원래 공부를 못해.", "난 원래 운동을 못해.").

- 더 노력하라는 어른의 말이나 행동의 지적을 부정적으로 받아들인다.

- 게임이나 놀이에 지나치게 몰두한다.

'자아 가치'는 결코 변할 수 없는 타고난 자질로, 그 사람만의 고유한 가치를 말한다. 이는 무한한 지적 잠재력과 재능이기 때문에 누가 빼앗을 수도 없고 해칠 수도 없다. 또한 자아 가치는 어떤 행동에 따라 커지거나 약해지지 않는다.

그런데 사람들은 행동을 보고 그 사람의 가치를 평가하려 한다. 자신의 가치를 평가받기 시작하면 아이는 마치 자신이 사랑받지 못하는 존재인 것 같은 상황에 맞서기 위해 방어막을 친다. 많은 이들이 자신의 자아 가치를 인식하지 못하는 것은 그것을 방어막 뒤에 꼭꼭 숨겨놓기 때문이다. 자존감도 자아 가치

에 방어막을 치면서 형성된다. 임상심리학자 토니 험프리스^{Tony}
^{Humphreys}는 "자존감이란 남들에게 보여주기 위해 스스로 걸러낸
자아이며, 자신이 속한 사회체제나 어떤 관계 속에서 살아남기
위해 진짜 자아를 가릴 수 있게끔 스스로 딱딱한 갑옷을 만들어
입는다."라고 말했다.

우리는 누구나 고유한 가치를 지닌 존재다. 하지만 우리 문화
에서 남과 다른 것은 인정 받기도 힘들고 칭찬 받기도 힘들다. 아
이들에게 똑같은 생각과 행동을 강요하고 순응하라고 암묵적으
로 강요하고 있기 때문이다. 이렇게 획일적인 풍토에서 아이들은
자신의 고유한 존재를 드러내기를 주저하고 있다. 특히 "넌 그렇
게밖에 못하니?", "예의가 없구나.", "못된 녀석", "바보 같은 놈"
등과 같은 말을 들을수록 그 방어막은 더욱 두꺼워진다.

자존감의 크기와 방어 행동의 크기는 반비례한다. 어린 시절
부모에게 충분한 지지와 사랑을 받은 아이는 자존감의 크기가 크
고 방어 없이도 세상을 건강하게 헤쳐 나간다. 하지만 사랑과 지
지를 받지 못하고 자란 아이는 자존감이 낮을 뿐만 아니라 방어
행동도 눈에 띄게 두드러진다. 공격적인 성향을 보이거나 반항을
하는 한편 지나치게 소극적인 모습을 보이거나 상황을 애써 피하
며 겁을 내고 움츠러든다.

아이가 자아 가치를 느끼지 못한다는 것은 자존감이 낮다는 의미이므로 부모의 관심이 필요하다. 부모가 어떻게 반응하느냐에 따라 자신의 고유한 자아와 가치를 찾을 수도 있고 찾지 못할 수도 있기 때문이다. 진짜 자아를 드러냈을 때 맞이하는 위협에 대한 반응으로 자존감이 생겨난다는 사실을 기억하라. 즉 자존감이 낮은 아이는 여러 가지 문제 신호로 자신을 알리므로 그것을 잘 집어낼 줄 알아야 한다. 아이의 문제 행동은 자존감이 위기를 맞고 있다는 신호다.

한 아이가 오후에 상담을 요청해 왔다.

"제가 게임을 너무 많이 하는 것 같아요. 엄마가 야근하는 날에는 새벽 두세 시는 기본이고 밤을 샐 때도 있어요. 공부 시간에도 집중이 안 되고 게임 생각만 나요. 엄마한테 아무리 혼이 나도 몰래 자꾸 하게 돼요. 학원도 자꾸 빠지게 되고, 친구들과도 점점 멀어지는 것 같아요."

이 아이는 컴퓨터 게임에 중독돼 있다. 현실 세계에서의 자존감은 매우 낮은 반면 온라인상에서의 자존감은 매우 높다. 온라인에서는 캐릭터가 나를 대신하고, 아이템이 많을수록 부러움의 대상이 되기 때문이다. 하지만 현실에서는 내 마음대로 되지 않아 좌절을 맛보고 있다. 일종의 현실 도피이자 소극적인 방어다.

또 다른 형태는 아이가 반항하는 태도다. 아이의 반항심은 발달 과정에서 자연스럽게 나타나는 행동이므로 긍정적으로 해석할 수 있다. 부모와의 애착이 안정적으로 형성된 아이는 끊임없이 도전하려는 의지가 있다. 그런데 이 과정에서 부모가 자신이 하고 싶지 않은 일을 지시하거나 하고 싶은 일을 못하게 할 때 아이는 반항을 한다. 이때 부모는 아이의 행동에 숨겨진 목소리를 들을 수 있어야 한다. 자아 가치가 위협받는 상황에서 만들어내는 놀랍고도 창조적인 방어 방법이 자존감이라는 것도 기억해야 한다.

자존감은 두 가지 중심축을 가지고 있다. 자신이 '가치 있는 사람'이라는 느낌과 '능력 있는 사람'이라는 느낌이다. 혹시 아이가 지나치게 겁이 많고 내성적인가? 부모에게만 의존하고 매달리는가? 성격이 공격적이고 남을 못살게 구는가? 그렇다면 그 아이는 자신이 사랑받을 만한 가치 있는 존재라는 확신을 하지 못하고 있다는 증거다.

또한 아이가 조그만 실수에도 두려워하고 도전을 회피하는가? 다른 사람들의 비난에 지나치게 화를 내고 민감하게 반응하는가? 그렇다면 그 아이는 자신의 능력을 확신하지 못하고 있는 것이다.

자신이 사랑받을 만한 가치가 없고, 무엇을 해도 잘하지 못한다고 생각하는 아이는 분명 자존감이 낮다. 안타까운 것은, 아이의 문제 행동은 한 번으로 끝나지 않고 다음 행동으로 이어진다는 것이다. 경우에 따라선 손을 쓸 수 없을 정도로 심해지기도 한다. 이럴 땐 고민해야 한다. 내 아이를 힘들게 하는 것은 무엇인지, 혹시 나의 양육 방법이 아이를 힘들게 하고 있지는 않은지. 이를 통해 고칠 것이 있다면 고치고, 부모가 먼저 변화되는 모습을 보일 때 내 아이에게 낮은 자존감을 물려주지 않을 수 있다.

성공을 배우는 아이, 실패를 배우는 아이

부모는 자녀에게 물려주고 싶은 것이 참 많다. 넉넉한 재산, 높은 학력, 존경받을 만한 인품, 건강, 그리고 형제간의 우애까지. 이 모든 것을 다 가진다면 매우 행복할 것 같다. 그런데 현실은 이 모든 것을 다 갖기도 힘들거니와 모두 갖는다 해도 온전히 행복하지는 않다는 것이다.

'행복지수'라는 용어가 있다. 영국의 심리학자 캐럴 로스웰Carol Rothwell과 피트 코언Pete Cohen이 고안한 것으로, 자신이 얼마나 행복한지를 스스로 측정한 지수다. 이들은 인생관·적응력·유연성 등 개인적 특성을 나타내는 P personal, 건강·돈·대인관계 등 생존

조건을 가리키는 E^{existence}, 야망 · 자존심 · 기대 등 고차원 상태를 의미하는 H$^{higher order}$라는 세 가지 요소에 의해 행복이 결정된다고 주장한다. 즉 이 세 가지 요소가 잘 배합되었을 때 행복을 느낀다는 것이다.

요즘 엄마들은 바쁘다. 양육만으로도 하루가 힘든데, 집안 살림을 챙기고 시댁 문제에 대한 고민을 해야 하며, 워킹맘인 경우 직장 문제까지 신경 써야 한다. 이 과정에서 우울감, 불안, 강박 관념, 좌절, 거부감, 외로움 등의 심리적 문제를 겪는 엄마들이 많다. 안타까운 것은 이런 엄마일수록 자존감이 낮다는 것이다.

자존감이 낮은 엄마는 힘든 문제가 닥쳤을 때 문제 해결을 위해 방안을 강구하기보다는 좌절부터 한다. 충분히 할 수 있는 일조차 실패가 두려워 시도조차 하지 않은 채 자신에게 그럴 만한 힘이 없다고 지레 포기한다. 이는 고스란히 훈육에도 영향을 미쳐 아이가 실수를 했을 때 따뜻한 관심과 애정으로 보살피기보다는 꾸중과 잔소리로 아이에게 상처를 준다. 이는 결국 아이마저 자존감이 낮은 아이로 만들어 이런 엄마에게서 자란 아이는 늘 주눅이 들어 있고 다른 사람의 눈치를 살핀다.

몇 년 전 방영된 EBS 다큐프라임 〈아이의 사생활〉이 던진 '부모의 자존감이 아이에게 대물림된다'는 메시지는 많은 부모에게 충격을 안겨주었다. 당시 자존감 조사에서 자존감 지수가 가장 높은 아이와 가장 낮은 아이로 밝혀진 12명을 대상으로 실시한 실험 결과는 많은 것을 생각하게 한다. 실험 내용은 다음과 같다. 2인 1조로 팀을 짜서 물 나르기 게임을 한다. 지름 30cm의 유리 볼에는 물감을 푼 물이 가득 담겨 있어 조금만 흔들려도 물이 쏟아지는 상황이다. 유리 볼의 흔들림을 최소화하면서 결승점까지 가장 빨리 도착하는 팀이 승자가 된다. 가장 빨리 들어왔더라도 물을 많이 흘렸으면 진다.

실험에 앞서 제작팀은 아이들에게 이번 승부에서 이길 것 같은지를 먼저 물어보았다. 성공을 믿는 자신에 찬 아이와 힘 없이 질 것 같다고 말하는 아이로 나누어졌다. 성공에 대한 예측은 실제 게임의 승부와 어떻게 연결되었을까? 신기하게도 이길 것 같다고 말했던 아이들은 모두 이겼고, 질 것 같다고 말했던 아이들은 모두 졌다.

이 실험 결과를 가지고 자존감 지수가 높은 아이와 낮은 아이로 나누어 살펴보았더니 두 명을 빼고 일치했다. 즉 자존감이 높은 아이는 자신이 게임에서 이길 것이라 예상했고 실제로도 이긴 반면 자존감이 낮은 아이는 게임에서 질 것이라고 예상했고 실제로 게임에서도 졌다. 성공과 실패가 아이가 가지고 있는 자존감에 의해서 결정된다는 사실을 증명해 주는 실험 결과다.

FINISH

원광 아동상담센터의 소장인 이영애 박사는 자존감에 대해 "자신을 제대로 사랑하는 방법"이라고 말한다. 숙명여자대학교 교육학부 송인섭 교수는 "모든 행동의 근원이 되는 핵심적인 인간 행동의 특성"이라고 정의한다.

지금까지의 수많은 연구와 실험에서 밝혀진 바와 같이 자존감이 높은 아이는 대체로 긍정적이고 학업 성적이 우수하며 친구 관계도 원만하다. 실수에 대한 두려움이 적고 새로운 과제에 대해 성공을 예상한다. 반면 자존감이 낮은 아이는 매사에 소극적이고, 새로운 일에 대해 두려움을 가지고 있으며 실패를 예상한다. 실수를 수치스럽게 생각하여 움츠러드는 경향이 있다.

한 아이 엄마가 전화로 상담을 요청해 왔다.

"아홉 살짜리 남자 아이를 키우고 있는데, 성격이 내성적이고 수줍음도 많아 부끄러움을 많이 타요. 친구도 많지 않은 데다 주로 혼자 지내는 시간이 많고요. 어릴 때부터 놀이터에서 미끄럼을 타거나 그네를 타는 것도 겁이 많아서 혼자서는 잘 타지 않으려 했어요. 자기가 어렵다고 생각하는 공부를 할 땐 굉장히 힘들어하고요. 요즘 따돌림 문제가 심각하다던데 혹시 우리 아이가 그런 일을 당하지는 않을까 무척 걱정돼요. 사실 저도 자존감이 낮은 편이라 지금껏 힘들게 살아왔는데 제 아이까지 그렇게 될까봐 걱정스럽고 마음이 아픕니다."

불안해하는 엄마에게 나는 이렇게 조언했다.

"어머님, 사실 아이의 자존감은 부모의 자존감과 일맥상통합니다. 아이는 자연스럽게 부모의 말과 행동, 가치관, 인성 등을 닮아가죠, 아이의 자존감이 낮다는 생각이 든다면 어머님 자신부터 먼저 돌아보세요. 혹시 어머님의 말이나 행동이 아이의 자존감에 상처를 주지는 않았는지를 먼저 점검해 보는 것이 중요합니다."

아이의 자존감이 낮다는 것을 알면서도 자존감을 높이려는 노력을 기울이지 않는 부모도 많다. 이유는 두 가지다. 하나는 자신의 자존감이 자신뿐 아니라 아이에게 큰 영향을 끼친다는 사실을 알지 못하기 때문이고, 다른 하나는 자존감을 높일 수 있는 방법을 모르기 때문이다.

그렇다면 어떻게 해야 아이의 자존감을 높여줄 수 있을까?

첫째, 아이와 함께하는 시간을 통해 지속해서 애정과 관심을 쏟는다. 자존감이 형성되는 과정에서 가장 중요한 것은 부모의 관심이다. 눈을 맞추고, 스킨십을 하고, 칭찬을 통해 기분 좋은 자극을 주어 아이 스스로 '나는 사랑받는 존재구나'라는 인식을 하게 해야 한다.

둘째, 작은 성공 경험을 갖게 해 준다. 자존감은 성취감과 관련이 있다. 혼자 어떤 문제를 해결했을 때 아이는 성취감과 쾌감을 느낀다. 이렇게 작은 성공 경험을 갖게 된 아이는 자존감도 높아진다. 아무리 사소한 경험이라도 무언가 하려고 하는 의지가 보일 땐 격려하고 응원하라. 그리고 그것을 이뤄냈을 땐 아낌없는 칭찬을 해 주라.

셋째, 실수하더라도 화내지 말고 기다리고 격려해 주라. 아이가 실수했을 때 보이는 엄마의 태도는 아이의 자존감 형성에 큰 영향을 미친다. "그럴 줄 알았어, 이 멍청아."라는 말을 듣고 자존감에 상처를 입지 않는 아이는 없을 것이다. "괜찮아, 실수는 누구나 할 수 있단다."라고 격려하라. 이렇게 하면 자존감이 높아져 새로운 도전에 겁먹지 않게 된다. 부모의 한 마디가 자존감을 키우는 원동력으로 작용할 수도 있고, 자존감을 베어버리는 칼로 작용할 수도 있음을 명심하라.

아이의 자존감, 공감하고 경청하라

아이가 문제 행동을 일으키거나 실수를 했을 때 바로 튀어나오는 말이 있다.

"내가 너 때문에 못살아."

"아휴, 몇 번을 말해야 알아듣겠니?"

"하루라도 사고 안 치고 넘어가는 날이 없구나?"

"넌 대체 누굴 닮아서 그 모양이니?"

아이의 문제 행동을 교정하고 자존감을 키우기 위해선 부모가 먼저 양육 태도를 점검하고 바꿔야 한다. 어린 시절 아이에게 보인 부모의 지혜로운 양육 태도는 아이의 자존감을 키워주는 원동력이자 성공하는 인생을 살도록 해 주는 주춧돌이다. 이를 증명이라도 하듯 성공한 사람들의 엄마들은 대부분 자녀가 또래들에 비해 뒤처지거나 부족해도 그대로 인정하고 기다려주는 지혜를 가졌다. 최경선은《스칸디식 교육법》에서 이렇게 말했다.

"아이에게 문제가 있을 때는 부모가 마음을 열고 아이의 이야기를 경청해야 합니다. 이때 아이의 마음을 진심으로 이해하고 공감하려면 부모가 잘못한 것을 아이에게 솔직하게 사과하는 용기도 필요하지요. 그런데 대부분의 부모는 아이가 잘못을 인정하고 반성하는 것은 당연하게 생각하면서 자신의 잘못은 인정하지 않는 편입니다 부모의 권위가 떨어질까 우려하기 때문입니다. 하지만 그렇다고 아이가 부모의 잘못을 모르고 있는 것은 아닙니다. 아이도 부모가 어떤 의도로 말하고, 자신을 어떻게 생각하는지 알고 있어요. 이는 부모가 자신의 잘못을 인정하지 않는 것에 대해 불만을 가지게 된다는 뜻입니다. 결국 아이는 자신의 실수를 감추려는 부모를 보면서 실망한 채 마음의 문을 닫게 됩니다."

아이와의 의사소통에서 공감과 경청은 매우 중요하다. 하지만 이러한 습관은 짧은 시간에 이루어지지 않는다. 아이의 마음에 공감하고 소통하기 위해서는 가장 먼저 서로 동등한 관계를 유지해야 한다. 그래야만 아이와 부모 사이에 마음의 문이 열리기 때문이다. 부모는 아이를 가르치고 지시하는 위치에서 내려와 눈높이를 맞추고 경청해야 한다. 엄마가 고개를 끄덕이거나 웃거나 놀라는 등 다양한 표정을 지으면 아이는 '엄마가 내 말을 유심히 듣고 있구나'라고 느끼게 될 것이다. "그렇구나!", "와, 정말? 대단한데?", "그래서 정말 속상했겠구나!", "다음은 어떻게 됐니?" 등의 말로 아이에게 공감해 주라.

이때 중요한 것은, 아이의 말을 절대 중간에 잘라서는 안 된다는 것이다.

"엄마! 오늘 오다가 주영이를 만났는데……."

"뭐? 그럼 주영이하고 피시방에 갔단 말이니?"

"아니, 그게 아니고 주영이가 놀이터에서 놀자고 해서……."

"근데, 너 내일 준비물은 챙겼니?"

이런 식의 대화는 아이의 마음의 문을 닫아버리게 만든다. 아이가 말하는 도중 아이의 실수나 잘못된 행동에 대해 지적하고 싶더라도 일단은 아이의 말을 다 듣는 것이 먼저다. 아이는 가끔 앞뒤가 맞지 않는 이야기나 쓸데없는 이야기를 늘어놓기도 한다. 그렇다고 "그래서, 네 말의 요점이 뭔데?", "뭐라고 하는지 하나도 모르겠다.", "넌 누굴 닮아서 말재주가 그 모양이니?" 하며 아이를 깎아내리거나 상처를 줘서는 안 된다. 부모의 이런 개입은 아이로 하여금 생각이나 감정을 나누는 것에 대해 자신감을 잃게 하고 불안감을 준다.

신의진은 "부모가 아이의 마음을 헤아리지 못하면 아이의 인생에는 재앙이 일어난다."고 했다. 아이의 자존감이 성장하려면 정서가 발달해야 하는데 부모에게 많은 공감을 받지 못한 아이는 정서가 발달하지 못하기 때문이다. 이런 아이는 타인에 대해 나와 함께하면서 나를 도와주는 존재로 느끼는 것이 아니라 나를 위협하는 존재로 여긴다. 안타깝게도 부모의 공감을 많이 받지 못하고 자란 아이들은 대부분 공격성을 보인다. 심지어 교실에서 왕따를 주도하기도 하는데, 더 큰 문제는 죄책감마저 느끼지 않는다는 것이다.

아이와 원활한 의사소통을 하려면 아이의 말속에 숨겨져 있는 마음을 읽을 줄 알아야 한다. 누구나 자신에게 공감하는 사람에게 마음의 문을 열기 마련이다. 아이가 "엄마, 친구들이 나만 따돌려."라고 말했을 때 진정한 공감은 무엇일까? "아닐 거야, 왜 너만 따돌리겠니? 네가 잘못 생각하는 거야."라고 타이르는 것일까? "네가 친구들을 힘들게 하는 건 아니니?"라고 친구들 입장에서 혼을 내는 것일까? 아니면 "어유, 그랬니?" 하고 듣는 둥 마는 둥 장난으로 받아 치는 것일까? 세 가지 모두 이상적인 답변이 아니다. 이럴 땐 "그래, 무척 속상하겠구나."라며 심리적인 지지를 먼저 해 주어야 한다.

부모의 의사를 말하는 방법의 하나로 'Yes-but' 대화법이라는 것이 있다. 'Yes'로 먼저 아이의 의견을 존중한 뒤 'but'을 끄집어내는 방식이다. "친구들이 따돌리는 것 같아 속상하겠구나. 엄마도 예전에 그런 적이 있었단다. 하지만……." 식으로 공감을 먼저 표현한 뒤 엄마의 속내를 얘기해야 아이는 엄마의 말을 들을 마음의 준비가 된다.

심리학자 토마스 고든Thomas Gordon이 제시한 'I-message' 대화법도 눈여겨볼 만하다. 아이의 감정을 자극하지 않고 부모의 생각을 전달할 수 있는 대화법으로, 주어를 '너'가 아닌 '나'로 바꾸는 것이다. 즉 "너는 왜 그렇게 짜증을 내니?"라고 하기보다 "네가 짜증을 내니 엄마는 무척 속상하구나."로, "너 지금 몇 시인데 아직도 숙제를 안 했니?"를 "9시가 넘었는데 아직 숙제를 하지 않았네? 숙제 하다 졸릴까 걱정된다."로 바꿔서 표현하는 대화법이다.

또 아이에게 질문할 때는 '왜?'가 아니라 '어떻게?'로 시작하는 것이 좋다. "왜 거짓말을 했니?"보다 "어떻게 하다 거짓말을 하게 됐니?"라고 묻는 것이다. '왜'는 결과만을 놓고 잘잘못을 따지는 것으로 아이를 비난하는 느낌이 들지만 '어떻게'는 과정을 묻는 질문이기 때문에 아이가 좀 더 편안하게 대답할 수 있다.

자존감이 높은 아이는 다른 사람을 이해하는 공감 능력이 높다. 다른 사람의 말을 잘 들어줄 줄 알고 마음도 따뜻하다. 반면에 자존감이 낮은 아이는 공감 능력이 낮기 때문에 친구관계에서 고립되고 늘 외롭다.

공감 능력을 키우는 방법 역시 부모에게 달려 있다. 부모에게 많은 공감을 받고 자란 아이는 부모가 자신을 사랑하고 있다는 걸 알기 때문에 자신을 가치 있는 존재라 인식한다. 이는 자연스레 자존감의 성장으로 이어진다. 그리고 이렇게 높은 자존감을 형성한 아이는 성인이 돼서도 다른 사람의 마음을 공감할 줄 알게 된다.

학교에서 전교 회장을 하거나 반장을 도맡아 하는 아이가 있다. 이런 아이는 보통 아이들과 다른 점이 있는데, 바로 다른 아이의 말에 귀를 기울이고 마음을 헤아릴 줄 안다는 것이다. 이런 공감 능력은 높은 자존감과 자신을 사랑하고 아끼는 마음에서 비롯된다. 자존감 속엔 자신감, 꿈, 행복, 성공이 들어 있다. 내 아이가 자신을 사랑하고 다른 사람을 사랑하는 행복한 어른으로 성장하도록 이끄는 것이 자존감임을 잊지 마라.

자존감이 높은
아이의 미래는
눈부시다

당신이 어릴 때 가장 듣기 싫은 말은 무엇이었는가? 아마도 "공부해라.", "씻어라."도 아닌 '비교'가 아니었을까 싶다.

"옆 집 태현이는 이번 시험에서 올백 맞았다던데 넌 이걸 점수라고 받아왔니? 아는 것도 덤벙대서 두 개나 틀렸잖아. 일주일간 스마트폰 압수야!"

"형의 반만이라도 따라가면 소원이 없겠다. 형 만한 아우 없다더니 너는 왜 그 모양이니? 제대로 하는 것이 하나도 없잖아."

이런 식의 질책과 비교는 아이의 자존감을 낮추는 동시에 큰 상처를 입힌다. "사람은 비교 당할수록 더욱 불행해진다. 내 아이가 더욱 불행하기 바란다면 주변의 괜찮은 아이, 장점이 많은 아

이와 끊임없이 비교해 주라."는 말마따나 비교는 아이를 불행하
게 만드는 씨앗이다.

  비교는 엄밀히 말해 내 아이가 가지고 있는 기질과 특성, 개성
과 잠재력을 믿지 못하는 데서 나온다. 비교를 많이 당하는 아이
가 자존감이 낮은 것은 당연하다. 자존감이 낮은 아이는 다른 사
람이 자신을 비난하면 자신을 보잘것없는 존재로 여겨 실망하고
주눅이 든다. 그 결과 매사에 의욕이 없고 실패하는 삶을 살게 된
다. 자존감이 낮을수록 학교에서 외톨이로 지내는 경우가 많은
데, 자기 스스로 친구들에게 사랑받지 못하는 존재라고 여기기
때문이다. 그래서 마음속으로는 또래들과 가까이 지내고 싶어 하
면서도 실제로는 그러지 못한다.

  조세핀 킴 교수는 자존감을 "인생을 성공적으로 살아가는 데
필요한 핵심 요소 중 하나로 자신에 대한 신념의 집합"이라고 했
다. 행복한 인생, 성공하는 인생을 살기 위해 꼭 필요한 자존감은
두 가지로 구성되어 있다. 자기 존재감과 자신감이다. 자기 존재
감은 내가 다른 사람의 사랑을 받을 만한 가치가 있는 사람이라
는 생각이고, 자신감은 주어진 일을 잘해 낼 수 있다고 믿는 마음
을 말한다. 이 두 가지가 균형을 이룰 때 자존감이 높다고 할 수
있다. 자존감이 높은 아이는 대체적으로 공감 능력, 학업 성취도,

리더십, 친구 관계, 긍정적인 자아상, 신뢰감, 자부심이 높다.

작년에 보기 드물게 자존감이 높은 아이를 만났다. 학기 중간에 전학을 왔음에도 친구들과 잘 어울리고 예의범절도 뛰어나 놀라운 한편 매우 흐뭇했다. 그 아이를 유심히 지켜본 결과 다음과 같은 특성을 발견할 수 있었다.

- 자기의 의견을 당당하게 주장하지만 교만하지 않다.
- 친구가 장난을 치거나 물건을 빼앗아도 감정의 동요가 없고, 원하는 바를 간결하게 말한다.
- 문제 있는 친구가 있으면 "괜찮아."라며 아이의 마음에 공감한다.
- 못한다는 말 대신 언제나 "한 번 해 볼게요."라고 긍정적으로 말한다.
- 아이들이 아무리 떠들어도 분위기에 동요하지 않고 책을 읽거나 자신이 하고 싶은 것을 한다.
- 학습에 대한 집중력이 강하며, 학원에 가지 않고 자기 주도적으로 공부한다.
- 최선을 다하여 시험을 준비하되, 결과에 크게 연연해하지 않는다.

이 아이의 부모 또한 자존감이 무척 높다는 것을 알 수 있었다. 엄마는 워킹맘으로, 하교 후에는 수시로 전화하여 스케줄을 꼼꼼히 챙기되 아이의 의견을 존중했다. 바쁜 일과 중에도 저녁 식사 후에는 한자리에 모여 책을 읽으며, 주말이나 방학 중에는 온 가족이 체험 학습을 떠난다. 바람직한 육아를 실천하고 있는 모습에 저절로 고개가 끄덕여졌다.

그렇다면 자존감은 어떤 요인을 통해 형성될까? 첫째, 중요한 과제를 수행한 능력이나 적절한 과제를 수행한 경험이다. 이를 통해 아이 스스로 자신의 능력을 인정하게 한다. 둘째는 도덕적·윤리적 기준을 준수하는 데 대한 평가와 사회적 인정이다. 마지막 셋째는 타인의 삶에 영향을 미치는 정도로, 내가 가족이나 타인에게 긍정적인 영향이나 도움을 준다고 느낄 때 아이는 자신을 가치 있는 존재로 느끼게 된다.

《오체불만족》의 저자 오토다케는 팔다리가 없이 태어났다. 그의 어머니는 주위 시선에 아랑곳하지 않고 아이를 보자마자 "어머, 귀여운 우리 아기."라고 말하며 아이와의 첫 만남을 무척 기뻐했다고 한다. 아무리 눈에 넣어도 아프지 않은 내 자식이라도 장애를 갖고 태어난 아이에게 "귀여운 우리 아기"라고 말할 수 있는 엄마가 세상에 몇이나 될까?

그러나 오토다케의 부모는 세상의 여느 부모들과 달랐다. 그들은 그토록 귀여운 아기가 누구보다 강한 아이로 성장하기를 원했다. 아들이 자신의 장애를 다른 사람과는 다른 특징으로 여기고 받아들이도록 가르쳤으며, 그것을 장점으로 승화시키도록 보살

"귀여운 우리 아기"

펴 주었다. 부모의 지지와 사랑으로 오토다케는 긍정적이고 적극
적인 자세로 세상을 살 수 있었다. 그렇게 성장한 오토다케는 일
본의 명문 와세다 대학을 졸업하고, 지금은 누구보다 자존감 높
은 성인으로서 행복한 인생을 살고 있다.

대부분의 사람들은 자신의 의지와 상관없이 외적 환경에 흔들
릴 때가 많다. 그 이유는 낮은 자존감 때문이다. 하지만 오토다케
의 부모는 달랐다. 만약 오토다케의 부모가 자존감이 낮았다면
어떻게 되었을까? 그의 부모는 물론이고 오토다케 역시 세상을
원망하며 괴로운 삶을 살았을 것이고, 그랬다면 오늘의 오토다케
는 존재하지 않았을 것이다. 이렇게 자존감이 높은 부모의 태도
는 자신의 인생은 물론이고 아이의 인생까지 행복하게 만든다.
그래서 나는 부모와 상담할 때마다 자존감은 억만금의 유산보다
더 귀중하다고 말한다.

내 아이의 자존감을 높이는 일은 성공 이상의 의미를 가진다.
단순한 성공이 아닌 '행복하게' 성공하는 것을 의미하기 때문이
다. 자존감이 높은 아이의 미래는 눈부시다. 부모는 내 아이의 자
존감을 키우는 것만으로도 아이를 미래에 대한 막연한 불안감으
로부터 안심시킬 수 있다.

자존감 높은 아이가 리더가 된다

○

○

리더는 한 조직을 대표하는 사람으로, 그 조직을 경영하는 데는 반드시 책임감이 뒤따른다. 특히 조직 안에 있는 다양한 구성원의 의견을 수용하고 존중하며 원만하게 이끄는 것이 리더의 진정한 역할이다. 이렇듯 다른 사람을 포용하기 위해서는 자존감이 확고해야 하는데, 자존감이 높을수록 리더 역할을 잘 수행하고 조직원들의 존경과 사랑을 받는다. 마음 깊은 곳에서 자신을 사랑하는 마음이 없으면 다른 사람을 배려하기 힘들고, 자신을 믿지 못하는 사람은 다른 사람에게 동기를 불어넣을 수 없을 것이다. 또한 리더는 의사소통 능력이 뛰어나다. 앞에서도 언급했듯이 자존감이 높은 아이는 타인을 배려하고 공감하는 능력이 뛰어난데, 이것이 바로 의사소통 능력으로, 리더가 갖추어야 할 조건 중 하나이기도 하다.

'공감'은 원래 '함께 느끼고, 함께 아파한다'는 의미의 그리스어에서 유래한 말로, 다른 사람의 생각을 잘 지각하는 것을 말한다. 즉 나와 생각이 다를지라도 인정하는 능력이다. 이렇게 다른 사람의 말을 인정하려면 먼저 자기 자신에 대한 긍정적인 신념이 있어야 한다. 그래야 다른 사람의 말이나 행동을 오해하지 않고 받아들일 수 있는 마음이 생긴다.

자존감은 공감 능력에 영향을 미치고, 의사소통 방식에도 차이를 가져온다. 자존감이 높은 사람은 다른 사람의 마음을 배려할 줄 알기 때문에 남이 실수를 하거나 그 사람의 단점이 보여도 비난하지 않고 수용한다.

엄마들은 내심 자신의 아이가 학급에서 반장이나 부반장 등이 되길 바란다. 저학년 때는 연설을 잘하면 임원으로 뽑히기도 하지만 그 역할이 녹록지 않다. 반장은 교실 안에서 일어나는 여러 가지 일과 학우들의 다양한 의견을 들어주어야 하기 때문이다. 때로는 "야! 네가 반장이면 다야?", "반장 네가 뭔데 이래라 저래라 하는 거야?"라며 시비를 거는 아이까지 수용해야 한다. 이때 자존감이 높은 아이는 친구의 말을 공감하고 들어주며 때로 그

것이 맞지 않는다고 생각될 때는 당당하게 자신의 의견을 주장한다. 하지만 자존감이 낮은 아이는 학우들이 자신의 말에 이의를 제기하며 반대를 할 때 몹시 흥분하고 마치 자신이 거부를 당한 것처럼 울음을 터뜨리기도 한다. 반대 의견을 하나의 의견으로 받아들이지 못하고 짜증을 내거나 면박을 주기도 한다. 또한 공감 능력이 높은 아이는 "무슨 일 있었어? 괜찮으니 나한테 얘기해 줄 수 있어?"라며 관심을 갖는다. 하지만 공감 능력이 낮은 아이는 "뭘 그까짓 거 갖고 그러니?"라는 말부터 한다. 그렇다 보니 의사소통에 문제가 생기는 경우가 많다.

한 학부형의 말이다.

"우리 애는 남의 얘기는 들을 줄 모르고 쉴 새 없이 자기 얘기만 해요. 그러고는 나중에 못 들었다고 우겨요. 어떻게 방법이 없을까요?"

혹시 엄마가 그동안 아이의 말을 제대로 경청했는지 묻고 싶다. 아이들은 부모를 닮는다. 아이가 경청할 줄 모른다는 것은 자신의 말을 경청해 준 사람이 없었기 때문일지도 모른다. 아이에게 다른 사람의 말을 경청하고 공감하는 능력을 길러주는 가장 좋은 방법은, 부모가 먼저 아이의 말을 공감하고 경청하는 일이다. 이는 나아가 아이의 자존감을 높이고 의사소통 능력을 향상시키는 길이다.

공감과 경청으로 자존감이 높아진 아이는 좋은 리더가 될 수 있다. 어린아이들은 자기 생각을 표현하기까지 오랜 시간이 걸린다. 그러므로 부모는 아이에게 충분한 시간을 주어야 하며, 절대로 아이의 말을 끊어서는 안 된다.

리더의 중요성은 변하지 않지만 리더십의 조건과 역할은 시대의 변화에 따라 조금씩 달라지고 있다. 어제의 리더가 구성원을 통제하고 지시했다면, 내일의 리더는 구성원과 공감하고 소통하고 있다.

자존감이 높은 사람이 리더가 된다. 리더는 사람을 좋아할 뿐만 아니라 그 사람이 잠재 능력을 발휘하게 하며 갈등을 풀고 긍정적인 결과를 이끌어낸다. 또한 자존감이 높은 사람은 인정이 많고 자신감이 넘치며 미래에 대해 희망적이기 때문에 많은 사람이 따른다. 내 아이가 진정한 리더가 되기를 원한다면 아이의 자존감을 키우는 데 주력하라. 아이의 말에 공감하고 경청하는 자세를 보여주어 의사소통 능력을 길러주라. 그런 아이는 나중에 리더가 되었을 때 자신의 역할을 충분히 수행해 낼 것이다.

자존심과 자존감의 차이

초등학교 2학년 믿음이 엄마의 고민이다.

"우리 아이는 욕심이 지나치게 많아요. 누구한테 지고는 못 견 뎌요. 집에서도 언니한테 절대로 지지 않으려 하고, 동생한테도 양보하는 법이 없어요. 공부도 열심히 하는데 시험을 치룬 후 반 에서 자기보다 점수가 높은 아이가 있으면 시기를 해요. 어제도 수학 쪽지 시험을 봤는데 자기보다 높은 점수를 받은 친구가 세 명이나 된다며 짜증을 내서 혼냈어요. 지나친 것 같아 걱정이에 요. 자존감이 너무 높은 것 같아요."

우리는 종종 자존감과 자존심의 개념을 혼동한다. 자존감과 자존심은 서로 이어져 있지만 엄연히 다르다. 자존감은 스스로 자自, 그리고 높을 존尊, 즉 스스로를 귀하게 여기는 감정이다. 자존심 또한 사전적인 의미로는 같은 한자를 쓰기 때문에 두 개념을 오해하는 경우가 있다. 하지만 관습적으로 쓰이는 자존심은 '다른 사람과 자신을 비교했을 때 존중받고 싶어 하는 마음' 또는 '남에게 굽히지 않으려는 의지'를 말한다. 사람을 날카롭고 예민하게 만드는 마음이다.

자존심은 반드시 비교 대상이 있다. 더 많이 가진 사람, 더 예쁜 사람, 공부를 더 잘하는 사람, 더 똑똑한 사람 등. 그래서 자존심이 너무 강하다 보면 '열등감'이라는 부작용이 나타나기도 한다.

이에 비해 자기 스스로 자신을 존중하고 소중하게 여겨 덜 방어적이고 덜 공격적이며 편안하게 해 주는 마음이 '자존감'이다. 남과 비교하여 우월한 감정을 갖는다거나 열등감을 느끼지 않는다. 자신을 있는 그대로 인정할 줄 알고, 있는 그대로의 모습을 사랑할 줄 아는 정서다. 자신의 장점을 자랑스러워하는 동시에 단점은 극복하려는 노력도 할 줄 안다. 비록 최고가 아니더라도 긍정적으로 생각하고 당당하게 행동한다. 그래서 자존감이 높은 사람 주변에는 늘 사람이 많다. 반면 자존심이 높은 사람은 실패하면 좌절하고, 실패의 원인을 자신이 아닌 다른 사람에게서 찾거나 환경 탓으로 돌리는 경우가 많다. 남의 말을 귀담아 듣지 않고 자신의 의견을 끝까지 고집하는 것도 자존심이 높은 사람의 특성이다. 그뿐만 아니라 자신보다 능력이 부족한 사람을 무시하기도 한다. 그래서 자존심이 높은 사람과는 은연 중 멀리하게 된다. 내 아이를 자존심이 높은 아이가 아닌 자존감이 높은 아이로 키워야 하는 것은 당연하다.

학교에서는 그림이나 글짓기 대회가 자주 열린다. 원래는 학교에서 대회를 진행해야 하지만 시간이 많이 걸릴 것으로 예상되면 집에서 밑그림을 그리거나 초고를 써오라고 숙제로 내주는 경우가 종종 있다. 이렇게 숙제를 내 줘도 학원에 가서 공부하느라 시간에 쫓기거나 관심이 없는 아이는 열심히 준비해 오지 않는다. 그러나 성격이 꼼꼼하고 상에 대한 욕심이 있는 아이는 정성껏 밑그림을 그려오거나 초고를 써온다. 학급에서 심사를 해서 수상작품을 고르려면 아무래도 시간과 노력이 쏟아진 작품에 눈이 더 가기 마련이다. 이렇게 수상자가 결정되면 꼭 한 마디씩 내뱉는 아이가 있다.

"너, 너희 누나가 밑그림 그려 주지 않았어? 너희 누나 그림 잘 그린다며?"

"너 이 글짓기 베낀 것 아니야?"

이런 말을 들은 아이의 반응은 대개 두 가지다. 한 부류는 "야! 네가 봤어? 네가 봤냐고!" 하면서 울음을 터뜨리는 것이고, 다른 한 부류는 "아니야, 이 그림 그린다고 어제 밤 12시까지 잠도 못 잤어."라며 가볍게 대답하는 것이다.

여기서 자존심이 강한 아이와 자존감이 높은 아이를 구별할 수 있다. 자존심이 강한 아이는 다른 사람이 자신을 존중해 주기를 바라지만 막상 자기 자신은 스스로를 존중하지 않기 때문에 거기에서 오는 괴리감을 느낀다. 타인이 나를 존중해 주지 않는 느낌이 드니 괜한 독선과 오기를 부린다. 내가 나를 생각하는 것보다 남이 더 높게 생각해 주길 바라는 마음에서 나온 반응이다. 즉 자존심의 기준은 '타인'이다. 그래서 다른 사람이 나를 오해하거나 존중하지 않는다는 생각이 들면 화가 나고 분노가 치민다. 이렇게 되면 나를 더 적극적으로 방어하게 되고, 심지어 다른 사람의 인식을 바꾸려고 한다. '나'를 바꾸려 하지 않고 '타인'을 바꾸려 하니 상황은 점점 더 나빠진다. 자존심에 상처를 입은 나머지 타인에게 톡 쏘아 붙이고 토라지다 보니 친구 관계가 원만할 리가 없다.

그러나 자존감이 높은 아이는 남이 뭐라 하든, 남이 자신을 어떻게 평가하든 자기 자신을 인정하고 사랑하며 존중한다. 따라서 '누나가 그려 주었다'거나 '베꼈다'는 말을 들어도 크게 신경 쓰지 않는다. 자존감의 기준이 '나'이기 때문이다. 친구의 말이 틀렸다고 생각될 땐 "아니야."라고 말하면 그만이다. 내가 소중하다고 느끼는 것은 '나'로, 자존감의 기준은 나이지 타인의 평가가 아니다. 그래서 자존감이 높은 아이는 문제가 있을 때 타인이 아닌 나 자신을 바꾸려고 한다. 자존감이 높은 아이는 변함없는 말과 행동으로 친구들의 신뢰를 얻는다. 잘한다고 생각될 땐 스스로 대견하게 여기고, 자신이 생각한 기준에 미치지 못한다고 생각될 땐 더욱 열정적으로 도전하고 그것을 이루기 위해 노력한다.

언젠가 강호동의 〈무릎팍 도사〉에 세계적인 발레리나 강수진이 출연한 적이 있다. 강호동이 강수진에게 물었다.

"강수진 씨, 경계하는 다른 발레리나가 강수진 씨를 깎아내리고 그러기도 했을 텐데 그런 것은 신경 안 쓰였나요?"

그 질문에 강수진은 담담하게 대답했다.

"뭐 자기들끼리 나보고 뭐라 하든 그때 나한테 중요한 것은 내가 정한 기준이었어요. 나 자신에게만 집중했어요. 나에게는 내가 정한 어떤 수준에 오르는 게 중요했어요. 누구를 뛰어넘고, 누구를 이기는 것은 신경 쓰지 않았어요."

이렇듯 자존감이 높은 사람은 다른 사람의 평가에 흔들리지 않고, '잘한다'는 칭찬에도 우쭐해하지 않는다. 나를 평가하는 기준이 '다른 사람'이 아님을 알고 있기 때문이다.

간혹 아이의 자존감을 키우기 위해 "아이의 의사를 존중하라.", "아이의 말에 귀를 기울여라.", "자율성을 주라."는 말을 무조건 아이가 하고 싶은 대로 내버려두라는 말로 오해하는 경우가 있다. "안 돼!"라고 말하면 아이가 자존감에 손상을 입진 않을까 걱정한다. 그러나 이 말의 진정한 의미는 아이가 해 달라는 대로 무조건 다 해 주라는 것이 아니라 아이의 주도성은 인정하되 그것이 사회나 다른 사람에게 방해가 될 경우에는 마땅히 그 점을 지적하고 바로잡아 주라는 뜻이다.

자존심이 높은 아이로 키울 것인가, 자존감이 높은 아이로 키울 것인가. 선택은 부모 몫이다.

자존감이
높은 아이는
사회성이 좋다

○

○

사회성은 태어나면서부터 발달하기 시작한다. 부모가 나에게 미소를 짓고 말을 건네며, 내가 보내는 반응에 엄마 아빠가 어떻게 의사를 전달하는지 보면서 아이는 사회성을 학습한다. 부모가 나에게 어떤 말을 하는지, 어떻게 놀아주는지, 낯선 사람과는 어떻게 관계를 맺는지, 어떤 방법으로 애정을 전달하는지 등을 보면서 배우는 것이다. 말하자면 부모의 사회성은 아이에게 중요한 모델이 된다는 뜻이다.

'사회성'이란 사회적 상황에 맞는 적절한 지식과 그것을 적용할 수 있는 능력으로, 스테판 발렌틴 Stephan Valentin 은 《혼자 노는 아이, 함께 노는 아이》에서 사회성을 이렇게 설명했다.

- 계획하고 일을 진행하며 검토하는 운영 능력과 관리 능력
- 타인의 행동에 적절하게 반응하고 보답할 수 있는 능력
- 다른 사람과 입장을 바꿔 생각할 수 있는 능력
- 침착하게 반응하는 능력
- 상대방과 상호작용을 할 때 긍정적으로 대할 수 있는 능력
- 상대방과의 상호작용에서 상대의 반응을 정확하게 판단할 수 있는 능력

아이가 초등학교에 입학하면 또래 관계가 아이의 즐거운 학교 생활을 좌우한다. 이때 자존감이 낮은 아이는 친구들과 잘 어울리지 못해 신나고 즐거워야 할 학교 생활을 재미없고 힘들게 느낀다. 이를 지켜보는 부모의 마음 역시 힘들기는 매한가지다.

"초등학교 3학년 남자 아이를 둔 엄마입니다. 아이가 게임에만 빠져 있고 공부나 책읽기는 항상 뒷전이에요. 학교에서 뭘 배웠냐고 물어봐도 모른다고 대답하면 그것으로 끝이고요. 친구들과 뭘 하며 놀았냐고 물어봐도 돌아오는 대답은 마찬가지예요. 성격이 내성적인 편이라 친구들과 잘 어울리지 못하는 것 같아요. 학예회 때 가 보니 옆의 친구가 뭐라고 해도 가만히 있고 대응을 못하더라고요. 왜 그럴까요?"

자존감이 낮은 아이들에게 나타나는 가장 심각한 문제는 부정적 자아상이다. 이는 자기 자신의 가치를 낮게 평가하는 데서 기인한다.

"내가 어떻게……."
"나는 친구들에게 사랑받을 수 없어."
"나는 정말 제대로 하는 것이 하나도 없어."

자존감이 낮은 아이는 어릴 때부터 부정적인 마음이 형성된 탓에 학교 공부나 친구 관계 등에서 불안감이나 두려움을 느낀다. 특히 집에서는 별 문제 없이 지내던 아이가 학교에 입학하고 난 뒤 공부나 친구 관계에서 어려움을 보이면 부모는 당황할 수밖에 없다.

초등학교 5학년 딸을 둔 엄마의 고민이다.
"저희 딸은 친구를 유난히 좋아해요. 성격이 활발해서 또래들과도 잘 어울려요. 문제는 그 친구가 다른 친구와 놀면 화를 내고 우울해 한다는 거예요. 친구들과 잘 놀다가 자주 다투는데, 그런 날은 신경이 무척 예민해지고 밤 늦도록 메시지를 주고받으면서 안절부절 못해요."

이 아이는 친구를 유난히 좋아하고, 친구와 함께 있으면 시간 가는 줄 모르고 즐거워한다. 문제는 친구를 독점하려는 욕심 때문에 그 친구가 다른 아이와 어울리면 화를 내거나 무척 괴로워한다는 것이다. 심지어 우울함을 느끼는 아이도 있다. 이런 아이들은 성격이 외향적이고 사람을 좋아하는 다혈질의 아이일 가능성이 높다.

이 또한 자존감이 낮은 데서 오는 문제다. 자존감이 낮은 아이는 혼자 있는 것을 견디지 못하고 혼자가 되면 고립감을 느낀다. 자신을 믿는 마음이 부족하기 때문에 친한 아이가 다른 아이와 놀면 자신을 버렸다고 생각한다. 그래서 괴로움을 견디지 못하고 스마트폰으로 밤새 친구의 우정을 확인하는 것이다.

EBS 프로그램 〈부모〉에서 아동심리 전문가 이영애 박사는 "아이의 사회성은 부모가 어떻게 대처하고 훈련시키느냐에 따라서 발달시킬 수도 있고 저해시킬 수도 있다."고 말했다. 그러면서 그는 사회성의 기초가 되는 자존감을 5가지로 정의했다.

첫째, 행복과 성공으로 이끄는 열쇠

둘째, 좌절을 견디는 힘

셋째, 나와 세상을 바라보는 안경

넷째, 인생의 버팀목

다섯째, 자기 비판과 수용을 하는 마음의 힘

이러한 자존감이 형성되는 결정적인 시기는 만 2세에서 7세 사이라고 한다. 이 시기에 자존감이 잘 형성되어 높은 자존감을 갖게 된 아이는 일반적으로 자신감이 넘치고 늘 긍정적이며 배려심이 많아 협상이나 의사소통에 능하다고 한다. 이영애 박사의 말 중에 가장 기억에 남는 말이 있다.

"아이의 자존감은 1%만 높아도 됩니다."

우리는 누구나 사회의 구성원으로서 살아간다. 아이들 또한 마찬가지다. 학교는 사회의 축소판이자 인생의 축소판이다. 그런 만큼 또래집단이나 인간관계에서 올바른 사회성을 기르는 것은 매우 중요하다. 특히 초등 시절은 사회성을 익히는 시기, 즉 좋은 친구를 만드는 과정을 시작하는 시기이다. 서로 친밀감을 느끼는 과정에서 친구로부터 받는 영향이 커지기 때문이다. 따라서 초등학교 시절에 친구를 제대로 사귀는 법을 배우는 것은 공부만큼이나 중요하다.

그런데 종종 아이가 친구를 선택하고 관계를 맺어 가는 기회를 종종 빼앗는 부모들이 있다. 부모의 눈으로 마음에 들지 않는 친구를 사귈 때 "쟤랑 놀지 마."라고 말하는 경우를 보게 된다. 사회성이 높은 아이로 키우고 싶다면 절대 이런 말을 해선 안 된다. 사회성의 기본은 나와 다르다고 배제하는 것이 아니라 다른 가치를 인정하는 것을 배우는 데 있다. 자존감이 높은 아이는 자신을 소중히 여기는 만큼 친구도 소중히 여길 줄 알기 때문에 타인에게 상처 주는 행동은 하지 않는다.

내 아이가 다른 사람과 더불어 행복하게 살아가게 하고 싶은가. 그렇다면 아이의 판단을 믿고 지지해 주어라.

자존감이 낮고 방어 행동이 심각한 아이의 행동 특성 (취학 연령 기준)

통제력 과잉

- 수줍어하거나 움츠러든다.

- 지나치게 말이 없다.

- 새로운 활동을 하거나 도전하는 것을 주저한다.

- 부모에게 의존한다.

- 다른 아이들과 어울리지 못한다.

- 수업에 지나치게 성실하게 임한다.

- 수업에 전혀 흥미를 느끼지 못한다.

- 새로운 상황에 겁을 내고 두려워한다.

- 실수에 대해 긍정적으로 지적받을 때조차 쉽게 당황한다.

- 실수에 대해 부정적으로 지적받을 때 극도로 당황한다.

- 자주 공상에 잠긴다.

- 실수와 실패를 두려워한다.

- 자신을 비하하는 행동이나 습관을 보인다.

- 늘 어른들이나 친구들의 비위를 맞추려 노력한다.

- 자주 배앓이를 하거나 배가 아프다고 한다.

통제력 결핍

- 공격적 행동을 보인다.

- 자주 화를 내고 신경질적이다.

- 자랑하거나 우쭐댄다.

- 자주 학교를 무단 결석하거나 도망친다.

- 어떤 일을 부탁했을 때 들어주지 않는다.

- 자꾸 도움을 요청한다.

- 자신을 사랑하는지, 필요로 하는지 끊임없이 물어본다.

- 부모에게 혼이 날 것을 알면서도 학교에 가지 않는다.

- 자신의 실수를 남의 탓으로 돌리고 비난한다.

- 자기 물건은 물론 남의 물건도 아끼지 않고 망가뜨린다.

- 집에서 심부름을 시키거나 학교에서 숙제를 내줘도 전혀 신경 쓰지 않는다.

4장

엄마의 자존감,
이렇게 높여라

내 상처를
먼저 치유하라

"인생에 주어진 의무는 다른 아무것도 없다네. 그저 행복하라는 한 가지 의무뿐. 우리는 행복해지기 위해 세상에 왔다."

독일의 대문호 헤르만 헤세가 남긴 말로, 마음마저 따뜻하게 하는 명언이다. 그런데 이 땅의 부모와 아이들은 왜 마음이 아플까? 행복해지는 방법은 없을까?

진영 씨는 만 네 살과 생후 14개월 된 아들 둘을 키우고 있는 전업주부다. 현재 임신 3개월로 쌍둥이를 뱃속에 품고 있지만 두 아이를 온전히 혼자 키우고 있다. 점심 먹을 준비를 하는 동안 두 아들은 거실 가득 레고 장난감을 펼쳐 놓고 자동차 놀이를 하고 있다. 큰아들 민서와 동생 준서가 티격태격 싸우는 소리가 들리는가 싶더니 이내 작은 아이의 울음소리가 들려온다. 순간 진영 씨가 두 아이를 날카롭게 쳐다보며 무서운 목소리를 낸다.

엄마의 무서운 눈빛과 목소리에 민서는 고개를 숙인 채 방바닥만 쳐다본다. 엄마와 눈을 맞추지 않으려는 듯하다. 진영 씨는 다른 아이보다 말이 늦되고 의사 표현에 서툰 민서를 아직 어린이집에 보내지 않고 있다. 혹시 또래 아이들한테 놀림을 받아 상처를 입진 않을까 싶어서다. 이런 깊은 속내와는 달리 진영 씨는 자꾸 아이에게 화를 내고 소리를 지르게 된다. 아이가 밥을 먹다 흘리거나 딴 짓을 하면 "빨리 먹으라니까!" 하며 귀를 잡아당기고 아이를 노려보기도 한다. 해 놓고서야 후회하지만 소용없다. 두 아이를 동시에 품고 있는지라 몸도 무거운데 아이가 밥을 제대로 먹지 않거나 말을 듣지 않으면 자신도 모르게 화가 난다.

EBS 다큐프라임 〈모성 회복 프로젝트〉에서 아이를 낳고 키우면서 점점 친정엄마를 닮아가는 자신의 모습에 괴로워하는 엄마들의 모습을 방영한 적이 있다.

"처음 아이가 태어났을 때 저를 닮아서 너무 슬펐어요. 저는 육남매 중에 외동딸인데 오빠가 너무 무서웠어요. 엄마는 오빠들만

예뻐하고 전 오빠들 뒤치다꺼리만 하며 천덕꾸러기처럼 자랐어요. 오빠는 내가 조금만 잘못해도 욕을 하고 때렸어요. 엄마가 나를 혼낼 때도 나는 무서워서 아무 말도 못했어요. 그런데 내가 소리를 지른 뒤 겁에 질린 아들 모습을 보면 마치 내 어릴 때 모습을 보는 것 같아 소름이 끼쳐요."

최성애 박사는 이를 '모성의 대물림' 때문이라고 했다. 영·유아기나 성장기 때 엄마로부터 받은 경험이 무의식과 의식에 각각 각인되어 가치관에 영향을 준다며 이렇게 설명했다.

"아기는 엄마로부터 받은 경험을 가지고 뇌 회로가 형성됩니다. 거의 무의식적으로 정서, 기억, 상처와 같은 것들이 그대로 회로에 영향을 미칩니다. 이러한 영향은 오랫동안 습관화되어 있어서 자연스럽게 느껴집니다. 따라서 그런 정서, 기억, 상처가 싫었다고 하더라도 자신이 어른이 되어서 아이를 낳으면 자연스럽게 그대로 아이에게 행하게 됩니다. 이것을 '모성의 대물림'이라고 합니다."

만약 좋은 경험으로 가득하다면 대물림은 선순환이 될 것이고, 나쁜 경험이 많다면 대물림은 악순환이 될 것이다. 진영 씨의 경우처럼 어릴 때 감정적으로 지지 받지 못하고 성장하면 어른이 되어서도 자기 확신이 잘 들지 않아 두려움과 불안감에 시달린다. 그래서 아이를 돌보는 일이 자연스럽거나 편안하지 않고 항상 걱정된다. 자신의 감정과 생각, 행동이 일치되지 않다 보니 계속 불편을 느끼기도 한다.

아이가 울 때 엄마가 느끼는 감정은 모두 다르다. 아이에게 화가 날 수도 있고 미안할 수도 있다. 어떤 엄마는 아이가 울면 자신도 모르게 화가 나고 그 모습이 너무 싫다고 한다. '혹시 어디가 아프거나 불편한가?'라는 생각보다 '이 아이가 나를 화나게 하는구나.', '애가 날 괴롭히려고 태어났나봐.'라고 왜곡해서 받아들인다.

이것은 엄마가 느끼는 감정 안의 무엇, 즉 감정 뒤의 또 다른 자기감정 때문이다. 심리학에서는 이것을 '초감정meta-emotion'이라고 표현한다. 앞에서도 언급했듯이 이 말은 '감정 속의 숨은 감정' 또는 '감정에 대한 감정' 정도로 정의할 수 있다. 여기서 자기 안에 있는 '무엇'은 엄마 안에 남아 있는 미해결 과제로 본다. 어린 시절부터 하고 싶었지만 하지 못하고, 말하고 싶었지만 말하지 못한 채 지금까지 마음에 담아두고 있는 것들이 그것이다. 대개 증오, 분노, 고통, 불안, 슬픔, 죄의식, 갖가지 상처 등이 억압된 감정으로 남아서 미해결 과제가 된다. 이러한 감정이 강력해지면 선입견, 강박 행동, 걱정과 같은 억압된 에너지에 사로잡혀 삶이 괴롭다.

어린 시절의 미해결 과제는 초감정에 부정적인 영향을 미친다. 이렇게 성장한 엄마는 아이가 우는 것을 단순히 아이의 감정으로 보지 않고 엄마 자신의 감정으로 느낀다. 초감정의 창시자 존 가트맨에 의하면 초감정은 유아기 때부터 형성되며, 비교적 오랜 시간에 걸쳐 무의식적으로 만들어지기 때문에 스스로 알아채기가 매우 어렵다고 한다.

간혹 부모와 해결하지 못한 과제는 괴로운 것이라는 생각에 의식적으로 덮어버리거나 잊어버리려고 하는 사람이 있다. 하지만 해결되지 않은 분노나 미움, 슬픔은 언제든지 비슷한 상황에서 튀어나올 준비를 하고 있다. 예를 들면 아이가 짜증을 내는 상황에서 친정 부모와의 미해결 과제가 없는 엄마는 '아이가 짜증을 내는구나, 무엇 때문에 짜증이 났을까?'라고 생각하지만, 미해결 과제가 있는 엄마는 '애가 왜 나한테 짜증을 내지? 속상해 죽겠네?'라고 생각한다. 아이의 감정이 아닌 자신의 감정으로 상황을 바라보는 것이다. 이처럼 아이가 느끼는 감정이 아닌 엄마가 느끼는 감정으로 아이를 대하면 초감정은 대물림 될 수밖에 없다.

그렇다면 나의 초감정은 어떻게 알 수 있을까? 사람들은 대부분 감정을 좋은 감정과 나쁜 감정으로 나눈다. 어떤 감정이 좋은 감정이고 어떤 감정이 나쁜 감정이라고 생각하는지를 따져보면 자신의 초감정을 알아챌 수 있다. 예를 들면 부모님이 어떨 때 화를 내셨는지, 그때 내 기분은 어땠는지를 기억해 본다. 반대로 부모님이 화를 내실 때 나에게 어떻게 대했는지도 생각해 본다. 나를 가장 화나게 하는 것은 무엇인지, 그리고 화가 났을 때 어떻게 행동하는지를 점검해 봐도 초감정을 알 수 있다. 자기 감정을 알게 되면 '아, 나는 이럴 때 아이에게 이렇게 하는구나.', '내가 이래서 화를 냈구나.'라는 걸 깨닫게 된다. 이렇게 되면 아이의 감정에 반응하는 태도가 달라져 갈등 상황이 닥쳤을 때 아이에게 직접적으로 분노를 표출하거나 상처를 주는 행동을 줄일 수 있다. 이렇게 될 때 비로소 엄마도 어릴 적 상처받은 자아에서 벗어나 좀 더 편안한 양육을 할 수 있게 된다.

친정엄마와의 관계를
객관적으로
바라보라

"아이를 잘 키우고 싶어요. 아이가 어릴 때는 책도 읽어주고 노래도 불러주고 나름대로 아이 입맛에 맞는 음식도 챙겨주는 등 여러모로 많이 노력했어요. 그러다가도 아이가 보채거나 울면 짜증이 나고 화가 치밀어 엄마 노릇이 무척 힘들어져요. 아이가 초등학교에 들어가니 더 답답하고 두려워요. 아이를 정말 사랑하지만 하루에도 열두 번은 엄마 노릇을 관두고 혼자 있고 싶어요. 이 모든 것이 제가 어린 시절에 받은 영향 탓은 아닌지 걱정돼요."

지은 엄마는 사이가 좋지 않은 부모 사이에서 엄마의 한숨 섞인 소리를 거의 매일 들으며 자라왔다. 아버지의 도박으로 논밭은 물론 여덟 식구의 안식처인 시골의 작은 집마저 날리진 않을까 늘 불안해하며 어린 시절을 보냈다. 그녀의 아버지는 돈이 떨어져야만 집에 왔는데, 그럴 때마다 엄마에게 돈을 꿔오라고 다그칠 뿐 어린 육남매가 어떻게 사는지는 관심도 없었을 뿐더러 다정한 눈길조차 한 번 준 일이 없다. 엄마는 자신의 신세를 한탄하면서도 아이들을 먹여 살리기 위해 안 해 본 일이 없다.

"어휴, 내가 네 아버지 잘못 만나서 이 모양 이 꼴로 산다."

"너희만 아니었으면 벌써 팔자 고쳤을 거다."

친정엄마가 울면서 신세한탄을 할 때마다 엄마가 너무 불쌍하다는 생각이 들었다. 부모님이 심하게 싸운 날은 학교에 가도 온통 불안하고 두려운 생각에 공부에 집중을 할 수가 없었다. 집에 가면 엄마가 나와 언니 오빠들을 버리고 도망갔을지도 모른다는 생각 때문이었다.

어릴 때 부모에게 받은 상처가 깊을수록 그 상처를 드러내기 힘들어한다. 특히 아이를 낳고 '부모'라는 자리에 서면 그 아픔은 더욱 심해진다. 아이를 낳으면 행복할 줄 알았는데 맞닥뜨린 현실은 갈수록 태산이다. 어떤 날은 감정을 조절하지 못해 소리를 지르는 것은 기본이고 손이 올라가는 날도 있다. 가능하면 좋은 말로 타이르고 싶지만 나도 모르게 감정적으로 치닫는다.

역기능적 가정에서 자란 아이는 부모가 되어서도 자신의 감정을 애매모호하게 인식한다. "뭔가 잘못돼 있어. 이런 느낌은 마음에 들지 않아."라는 생각이 들다 보니 고통스럽다. 어릴 때 정서적 지지를 받지 못한 데서 오는 현상이다.

아동심리학자 앨리스 밀러Alice Miler는 "고통스러운 어린 시절의 치유는 학대와 통제를 받던 시절에 대해 떠오르는 모든 생각과 감정을 자유로이 표현하도록 자신에게 허용하는 것에서부터 시작한다."고 말했다. 이렇게 하면 오랫동안 털어놓지 못한 자신의 이야기를 다른 사람에게 할 수 있다는 것이다. 이때 중요한 것은 "당신은 부모가 당신에게 한 일에 책임이 없다. 책임은 그들에게 있다.", "당신은 자신이 현재 삶에서 하는 일에 책임이 있다. 부모는 책임이 없다."는 사실을 인정하여 누구에게 책임이 있는지를 분명히 밝히는 것이다.

부모 노릇은 매우 힘든 일이다. 이 세상에 부모 노릇보다 힘들고 중요한 일은 없다. 부모 자격증도 없이 부모 노릇을 하는 것은 무면허로 자동차를 몰고 거리 한가운데로 나가는 것과 같다. 세상에 완벽한 부모는 없고, 실수하지 않는 부모는 존재하지 않는다. 그럼에도 많은 엄마들이 자신의 부모에게 받은 상처를 숨기거나 과거에서 도망치기에 바쁘다. 그러나 고통스런 어린 시절의 기억은 덮는다고 덮어지는 것이 아니다. 그것을 오픈하고 받아

들일 때 내 아이에게 아픈 상처를 물려주지 않을 수 있다. 당신은 잘 알지 못했거나 달리 행동할 방법이 없었을 뿐이다. 특히 유교적 관습의 뿌리가 깊은 우리 엄마들 세대에는 아버지의 바람기, 알코올 중독, 도박 등으로 맘고생을 하며 자식을 키워온 엄마들이 많다. '부정적 모성'을 대물림할 수밖에 없는 상황이었다.

이제 내 안의 '상처받은 아이'와 대면하고 상처의 실체를 마주해야 한다. 상처받은 아이와 마주하기가 고통스럽다고 아무 일 없는 듯 살아간다고 해서 문제가 끝나는 것은 아니다. 해결되지 않은 마음속 분노와 원망은 말투나 눈빛을 통해 아이에게 투사된다. 사례에 나온 지은 엄마와 아이의 문제는 두 사람의 문제이기 전에 친정엄마와의 미해결된 감정의 찌꺼기가 남은 결과다. 마음속에 들어 있는 상처로 범벅된 과거의 아이를 놓아 주라. 친정엄마도 최선을 다했지만 무서운 대물림을 알지 못하고 당신의 방법대로 마음속의 한을 풀어 놓았을 따름이다. 그럼에도 불구하고 지금껏 살게 하고 당신에게 '부모'라는 이름을 준 것만으로도 감사해야 할 일이다. 당신의 부모는 이제 힘 없는 노인이 되어 있다. 더 이상 나를 힘들게 하고 상처 주는 부모가 아니다. 친정부모를 계속 원망하며 이전의 부정적인 육아 방식을 반복할 것인지 아니면 새로운 선택을 할지는 온전히 당신의 몫이다. 내 아이가 아직 어른이 되지 않았으니 희망적이지 않은가.

좋은 엄마 콤플렉스에서 벗어나라

'아이를 키우는 게 힘들기만 한 나는 과연 좋은 엄마일까?'

아이를 키우는 엄마라면 한 번쯤 해 보았을 고민일 것이다. 아기를 낳기 전엔 기침과 콧물을 쏟아내면서도 감기약 한 번 먹지 않고 좋은 음악을 듣고 좋은 책을 읽으면서 태교를 한다. 그러나 아기가 태어나는 순간 밤낮이 바뀐 아이로 인해 수면 부족에 시달리고, 젖꼭지가 헐도록 모유 수유를 하고, 경제적으로 부담스럽긴 해도 내 아이에겐 좋은 것만 먹이고 싶다는 생각에 유기농 채소와 과일로 직접 이유식을 만들어 먹인다. 아기의 옹알이가 신기하고, 하루하루가 감동 그 자체다. 곤히 잠든 아이 얼굴을 보며 천사가 따로 없다는 생각이 든다. 수시로 좋은 엄마가 되겠다고 다짐하며, 아무리 힘들어도 짜증 내지 않고 웃으려 노력한다. 어느 정도 자란 뒤에는 좀 더 좋은 유치원에 보내고 싶다는 일념으로 새벽에 가서 줄을 서기도 한다. 쪼들리더라도 좋은 학원에 보내고 싶은 것은 당연하다. 우리 아이가 혹시 영재일 수도 있으니 조기 교육을 시키는 것은 물론 다른 엄마들보다 정보를 빨리 얻어 조금이라도 앞서가고 싶다.

그러다 어느 날 거울에 비친 내 모습을 보니 말이 아니다. 불어 난 체중과 화장기 없는 부스스한 얼굴은 그렇다 치고 만성 피로가 웬 말인가. 하루 종일 아이와 씨름하고 집안일을 하다 보니 나를 가꿀 시간은커녕 저녁이면 진이 다 빠져 날마다 녹초가 되기 일쑤다.

워킹맘이라고 해서 별반 다르지 않다. 아침에 아이를 어린이집에 데려다 주려면 새벽같이 일어나도 아이 아침 먹이랴, 가방 챙기랴, 얼굴 씻기랴, 출근 준비하랴 한바탕 전쟁이 벌어진다. 시간에 쫓겨 겨우 집을 나설라 치면 아이가 응가를 외친다. 다시 들어가 응가를 하고 나오면 벌써 10분 오버, 지각을 밥 먹듯이 한다. 근무 중 어린이집에서 전화가 오면 바짝 긴장된다. 아이가 아프다고 하면 눈총을 받으며 조퇴를 해야 하고, 퇴근 후 회식은 눈치를 보며 빠지거나 얼굴 도장만 찍고 일어서는 게 다반사다. 근무 중에 처리하지 못한 일은 집으로 싸들고 온다. 아이 건사하기도 바빠 제대로 살림을 못하니 때로는 남편 눈치도 봐야 한다. 정신 없이 살다 보면 종종 가족의 대소사를 까먹는다. 행여 시어머니께 "넌 며느리 노릇을 하는 게 없구나!"라는 소리를 들으면 나도 모르게 자책이 든다.

전업주부든, 워킹맘이든 사정은 조금씩 달라도 맞아, 맞아 하며 읽었을 것이다. 좋은 엄마가 되고 싶은 것은 모든 엄마들의 공통된 생각일 것이다. 충분히 이해한다. 나 역시 대한민국에서 세 아이를 키운 엄마니까. 내 아일 위해선 어떤 희생도 하겠다고 각오했었으니까. 중요한 것은, 당신이 세운 좋은 엄마상이 과연 진정 아이의 행복을 위한 것인가 하는 점이다. 혹시 자기 만족을 위한 것은 아닌가?

좋은 엄마가 되는 것이 삶의 유일한 목표인 엄마는 아이를 있는 그대로 보지 못한다. 아이가 뒤처진다 싶으면 불안하고, 남들 앞에서 못난 모습을 보이면 마치 내가 바보가 된 것 같다. 이런 엄마는 아이에게 지나친 관심을 쏟거나 과보호를 하여 아이를 마마보이나 마마걸로 만들 가능성이 높다. 이런 엄마에게서 자란 아이는 항상 엄마가 모든 것을 해 주기 때문에 새로운 환경에서 지레 위축되고 소극적인 행동을 보인다. 좋은 엄마가 되고 싶다는 지나친 바람이 오히려 아이를 나약한 존재로 만드는 것이다.

다른 사람들 말에 쉽게 부화뇌동하는 엄마도 문제다. 이런 사람은 자기 확신이 없으니 자꾸 다른 사람의 말에 흔들린다. 내 아이가 앞서가지는 못해도 중간이라도 가야 한다는 조급한 생각을 갖고 있다 보니 아이도 안정을 느끼지 못한다.

문제는 아이가 초등학교 4~5학년이 되어 점차 자신의 목소리를 내기 시작하면서 나타난다. 사춘기에 접어든 아이는 엄마의 행동에 불평을 늘어놓고, 자기 일에 간섭하지 말라며 짜증을 내는 일이 잦아지는데, 이때 대부분의 엄마들은 당황할 수밖에 없다. 엄마의 말이라면 토 달지 않고 잘 듣던 아이가 갑자기 대꾸를 하거나 말을 듣지 않기 때문이다. 이 상황에서 엄마는 자신도 모르게 "왜 엄마 말 안 들어?" 하며 소리를 지르고 분노를 터트린다. 이런 심정을 다른 사람에게 털어놓을 수 없다는 데 더욱 스트레스를 받으면서 말이다. 엄마의 이런 혼란스런 정체성에 대해 오은영 박사는 이렇게 설명한다.

"내가 좋은 일을 하고 있고 아이에게 좋은 엄마인 것 같지만, 한편으론 나란 존재는 무언가 늘 부족하고 손해 보는 것 같은 느낌이 듭니다. 그러고 나선 '내가 이런 생각을 하다니 난 좋은 엄마가 아니야!'라고 생각합니다. 이런 불편이 혼재된 상태로 볼 수 있습니다."

엄마들의 이런 갈등과 고민의 이면에는 '엄마 역할을 더 잘하고 싶다', '좋은 엄마가 되고 싶다'는 간절함이 존재한다.

자영 씨는 중2, 초6 아들 둘을 둔 두 아이의 엄마이자 어린이집 교사이다. 영어만은 확실히 해 두고 싶은 마음에 아이들이 초등학생일 때 남편을 두고 2년간 미국에 가서 아이들을 공부시키고 돌아왔다. 아이들을 위해서라면 남편과 몇 년 정도 떨어져 지내는 건 충분히 감수할 수 있다고 생각했다.

얼마 전, 큰애가 종일 텔레비전만 보는 것 같아 한 마디 했다.

"재혁아, 텔레비전 그만 보고 책 좀 읽지?"

"엄마는 내 일 참견 그만하고 엄마 일이나 잘해."

그 말에 자영 씬 도저히 참을 수가 없었다.

"뭐? 참견하지 말라고? 너 말 다 했어?"

자영 씨는 큰아이와 큰 소리를 내며 다투었고, 아들은 "에이 씨" 하며 방에 들어가 문을 걸어 잠궜다. 속이 상한 자영 씨는 한참을 울면서 생각했다. 이제껏 아이들을 위해 미국까지 가서 뒷바라지에 힘써 왔다. 어린이집 교사로 바쁜 와중에도 모임이나 약속은 아이들 스케줄을 고려하여 잡고, 학원과 학교를 오갈 때 시간을 아끼라고 운전기사가 되길 마다하지 않았다. 아이들 중심으로 모든 걸 맞추고 희생해 왔는데 이런 소리나 듣다니……. 모든 것이 억울했다. 그러면서 다짐했다. 더 이상 아이에게 집중하지 않겠다고. 이제 아이를 놓아 주고 나를 좀 더 챙기겠다고.

엄마로서 행복해지는 게 혹시 이기적이라는 생각이 드는가? 아이 앞에서 엄마의 바람을 스스럼없이 말하는 게 전통적인 어머니상과는 달라 미안한 마음이 들 수 있다. 하지만 누누이 강조하건대, 엄마가 행복해야 아이도 행복하다. '좋은 엄마 콤플렉스'는 말 그대로 콤플렉스이고, 강박관념이다. 소아정신과 교수 신의진은 콤플렉스를 '소화되지 않은 정신적 갈등의 덩어리'라고 했다. 건강한 엄마는 좋은 엄마가 되어야 한다는 강박관념이 없다. 자신에 대한 자긍심이 있기 때문에 갈등이 닥쳐도 문제 해결에 적극적으로 대처하며 최선을 다한다. 아이나 남편, 시댁 식구와의 관계에서도 마찬가지다. 하지만 자신이 하찮은 존재라고 열등감을 느끼는 엄마는 나쁜 엄마라는 말을 들을까 봐 전전긍긍한다. 하고 싶은 말도 속으로 삭히고, 자신의 바람을 누른다. 갈등이 생겼을 때도 무조건 자기 탓을 하며 자학한다. 자신을 사랑하지 못하기 때문에 스스로를 보호하지 못하는 것이다.

아이에게 좋은 엄마가 되어야 하는 것은 당연하다. 하지만 자신을 하찮은 존재로 생각하면서 '좋은 엄마'가 되는 것을 유일한 삶의 기쁨으로 여기면 좋은 엄마 콤플렉스에 빠지게 된다. 좋은 엄마가 되겠다는데 누가 뭐라 하겠는가. 하지만 아이는 엄마 마음대로 움직이는 꼭두각시가 아니다. 내 아이를 깨지기 쉬운 연약한 그릇으로 만들고 싶은가?

아이가 초등학교 고학년이 되면서 아이보다 더 아픈 엄마를 많이 봐 왔다. 좋은 엄마가 되지 못했다는 자책과 한숨만 남은 모습에 안타까웠던 적이 한두 번이 아니다. 당신도 혹시 좋은 엄마 콤플렉스를 가지고 있진 않은가? 그렇다면 먼저 자신에 대한 믿음이 있는 부모인지 점검해 보라. 좋은 엄마의 첫걸음은 엄마 스스로 자기를 신뢰하는 것이다.

열등감을
벗어던져라

훈이 엄마는 위로 딸 둘에 이어 낳은 늦둥이 아들 훈이 때문에
고민이 많다.

"엄마들 사이에서 우리 아이의 평판이 좋지 못한 것 같아요.
산만하고 폭력적이라는 거죠. 거기다 공부도 썩 잘하는 편이 아
니니 더욱 안 좋게 보는 것 같아요. 우리 훈이가 장난꾸러기이
긴 하지만 몇몇 엄마들이 주도적으로 소문을 내는 것 같아 속상
해요. 제 입장에서는 엄마들이 과민한 것 같은데, 개념 없는 엄
마로 찍힐까 봐 아무 말도 못하고 있어요, 이러다 우리 훈이가
왕따라도 당할까 봐 더 걱정이에요."

아이 문제로 마음 아파하는 엄마들이 많다. 학부형과 상담을 하다 보면 내 아이의 특성과 미래에 대한 조언, 또 장점이나 단점을 어떻게 이끌어내야 하는지에 대한 관심보다 내 아이가 반에서 따돌림을 당하지는 않는지, 친구 관계는 원만한지에 더 관심을 보인다.

훈이처럼 장난이 심하고 공격적인 남자 아이를 둔 엄마는 아이를 학교에 보내 놓고도 마음이 편치 않다. 훈이 엄마 역시 매우 불안해 보였다.

"선생님, 우리 훈이가 장난꾸러기인 줄은 알지만 훈이 말로는 다른 아이들이 먼저 시비를 건다고 해요."

사실은 항상 시비를 걸고 장난을 거는 쪽이 훈이라고 해도 훈이 엄마는 착한 아들이 그럴 리 없다며 믿지 않았다. 내 아이의 부족함을 인정하지 않으려는 엄마의 마음이 이해되면서도 담임인 나로선 답답하기 이를 데 없었다.

아이가 공부를 못하든, 다른 아이를 때리든, 왕따를 당하든, 왕따를 시키든 간에 원인을 찾아야 한다. 엄마 눈에는 아무 문제 없는 장난꾸러기일지 몰라도 장난이 심해 친구들을 때리거나 그런 행위를 계속하는 아이는 사회성이 결여되어 있거나 공격성을 가지고 있을 수 있기 때문이다. 대부분 엄마들의 스트레스는 내 아이의 단점을 인정하지 않는 데서 시작된다. 더욱이 아이의 단점이 엄마 자신과 비슷하면 더 못 견뎌 하며 그 원인을 밖에서 찾으려고 한다. 안타까운 것은, 엄마 기억 속 깊은 곳에 숨어 있던 유년 시절의 상처와 열등감, 외로움 등이 아이를 통해 나타났을 가능성이 크다는 것이다. 그 열등감이 투사를 낳고, 엄마의 잘못된 투사가 결국 아이를 망친다는 점에서 열등감을 회복하는 것은 매우 중요하다. 스스로 용납할 수 없는 부정적인 생각을 아이에게 돌리는 '왜곡된 투사'로 아이를 망쳐서는 안 된다.

인간은 누구나 조금씩 열등감을 가지고 있다. 모든 면에 완벽한 사람은 없기 때문이다. 열등감은 단순히 남보다 못한 능력을 가졌다고 해서 생기는 것이 아니라 '부정적인 자아상'을 가지고 있기 때문에 생긴다. 부자도 열등감을 느끼고, 학벌이 좋고 뛰어난 능력을 가진 사람도 열등감을 느낀다. 돈은 많지만 작은 키에 대한 열등감이 있을 수 있고, 명문 대학을 나왔지만 못생긴 외모에 대한 열등감이 있을 수 있다. 이렇듯 개인이 살아온 환경과 개인이 지각하는 의식이 다르므로 "당신은 왜 그런 열등감을 가지고 있습니까?"라고 묻는 것은 의미가 없다.

불안하다면 왜 불안한지 따져 물어라. 그것을 숨기거나 속이지 말고 그 불안이 열등감에서 오는 것인지 내면을 들여다보고 이유를 찾아내라. 왜 아이에게 화가 나는지, 왜 다른 엄마의 수군거림이 서운한지, 왜 선생님의 충고가 섭섭한지 스스로에게 물어보라는 것이다. 그게 과연 남의 탓인지, 엄마 탓인지 객관화하다 보면 서서히 열등감의 실체가 드러나기 시작할 것이다.

'아이가 상처받지 않고 자랐으면' 하는 게 모든 엄마의 바람일 것이다. 하지만 그것은 천국에서나 가능할 법하다. 비바람을 맞지 않고 자라는 식물이 없듯이 상처와 시련을 겪지 않고 자라는 아이는 없다. 아이 문제로 스트레스를 받지 않으려면 아이와 엄마를 독립된 객체로 생각해야 한다. "내가 뭘 잘못했기에 우리 귀한 아이에게 이런 시련이 닥친 걸까? 분명히 나 때문이야. 나 때문에 우리 아이가 이런 시련을 겪는 거야. 미안하다. 엄마가 무슨 수를 써서라도 너를 지켜줄게. 엄마는 널 위해 살 거야."라는 생각은 버려라. 건강한 자존심을 가진 부모는 아이와 자신의 부족한 면이 드러나도 별로 상처받지 않는다. 오히려 그 부족한 면을 인정하고 변화시킬 줄 안다. 참으로 신기한 것은 '내게 이런 열등감이 있었구나!'라고 느끼는 순간 마음이 한결 가벼워진다는 사실이다. 나 자신을 객관적으로 바라보고 그런 부족한 나, 그럼에도 이제까지 잘 견뎌 준 내 자아를 쓰다듬어 주기만 해도 열등감이 훨씬 줄어든다. 나의 모습을 있는 그대로 인정하고 사랑할 때 아이에게 가는 왜곡된 투사는 사라지고 아이를 있는 그대로 사랑할 수 있게 될 것이다.

혼자만의
시간을 가져라

엄마들은 혼자만의 시간을 갖기가 무척 어렵다. 아이가 탄생하는 순간부터 엄마는 혼자가 아니다. '뱃속에 있을 때가 가장 편하다'는 말마따나 하루 24시간을 꼬박 아이와 함께 한다. 혼자만의 시간은 꿈에서나 있을 법하다. 잠자는 시간조차 나만의 것이 아니다. 새벽 수유하랴, 기저귀 갈아주랴 새벽에도 두세 번은 기본적으로 깬다. 기저귀를 떼면 오줌 뉘러 가는 것도 엄마 몫이다. 목욕탕도, 시장도 늘 아이와 함께한다.

육아맘이든 워킹맘이든 누구나 고요하고 평화로운 혼자만의 시간을 꿈꿀 것이다. 그리고 신체적·정신적으로도 재충전을 위해 혼자만의 시간을 갖는 것은 매우 중요하다. 여기까지 읽고는 이런 생각이 들 수 있다.

"혼자 노닥거릴 시간이 어딨나요? 큰 아이가 학교에 가면 작은 아이 어린이집 갈 준비해서 보내야 하고, 작은 아이가 어린이집에 가면 후다닥 청소하고, 그런 다음에 시장에 가서 장보고. 하루가 이렇게 금방인데 무슨 수로 혼자만의 시간을 낼 수 있겠어요?"

여기서 엄마들이 오해하고 있는 사실이 나온다. 혼자만의 시간을 매우 긴 시간이어야 한다고 생각하는 것이다. 하지만 아이가 자러 간 뒤 거실에 앉아 있는 10분, 마트에 오가는 20분, 목욕하는 10분, 회사 휴게실에 앉아 있는 20분 모두 혼자만의 시간이다. 이런 자투리 시간을 혼자만의 시간이라고 생각하지 않기 때문에 여유가 없다고 느끼는 것이다. 아이와 떨어져 있는 시간에도 마음은 아이에게 가 있는 것도 혼자만의 시간을 방해하는 요소다. '알림장 확인 못하고 보냈는데 준비물은 잘 챙겨갔을까?', '어제 밤늦게까지 문자로 친구와 싸우며 씩씩 대던데 오늘 학교에서 아무 일 없는 걸까?', '맞다, 영어 학원 다른 데로 옮겨야 하는데…… 오늘 저녁에 알아봐야겠네.', '아침에 짝꿍 엄마한테 우리 애가 괴롭힌다고 전화 왔는데 이따 오면 확인해 봐야겠다. 아, 왜 이렇게 힘들지? 하루도 그냥 넘어가는 날이 없네?', '학부

형 총회 날짜가 언제였더라? 잊어버리면 안 되는데……. 그날 누구랑 같이 가지?' 등.

그렇다면 철저하게 혼자만의 시간과 침묵이 필요한 이유가 무엇일까? 메그 미커Meg Meeker는《엄마의 자존감》에서 그 이유를 이렇게 밝혔다.

첫째, 혼자만의 시간을 통해 더욱 민감한 엄마로 거듭날 수 있기 때문이다. 끊임없는 자극과 소음을 차단하면 실제로 감각이 예민해진다.

둘째, 혼자만의 시간을 보내면서 자신과 똑바로 마주볼 수 있고, 그럼으로써 자신을 더 좋아하게 된다.

셋째, 혼자만의 시간을 통해 오래된 상처를 치유하고 현재를 자유롭게 즐길 수 있다.

넷째, 혼자만의 시간은 나에게 초점을 맞추도록 해 주고, 친구와 가족의 목소리 또는 매체의 소란스러운 소리들에 둘러싸여 있을 때 얻을 수 없는 깊은 평화를 제공한다. 우리가 되고자 했던 여성이 되는 법을 배우려면 고요한 고독 속으로 물러나 앉아야 한다.

선미 씨의 큰아이는 ADHD주의력결핍 과잉행동장애를 겪고 있다. 큰아이 밑으로 연년생 동생이 둘이나 더 있다 보니 선미 씨가 받는 육아 스트레스는 이루 말할 수 없다. 선미 씨 말에 의하면 한 마디로 미쳐 버릴 것 같단다. 큰애가 너무 산만하니 동생들에게도 영향이 갈 수밖에 없다. 집안은 항상 난장판, 치우고 치워도 그때뿐이다. 도저히 안 되겠다 싶어 두 시간 거리의 시댁으로 아이들을 데리고 갔다. 둘째와 셋째 아이를 일주일만 돌봐 달라고 부탁하기 위해서였다. 관절염으로 고생하고 있는 시어머니에게 쉽게 입이 떨어지지 않았지만, 다른 방법이 없었다. 그렇게 두 아이를 맡기고 온 선미 씨는 큰아이마저 어린이집에 보내고 나서 대충 집을 치운 뒤 출산 후 처음으로 혼자만의 시간을 가졌다. 조용히 아무것도 틀어놓지 않고 자신과 마주할 수 있는 시간을 가졌다. 그리고는 "나는 세 아이의 엄마이고, 아이들과 잘 지내고 싶다. 버겁지만 잘할 수 있다. 하나님, 저에게 힘을 주세요."라고 조용히 기도를 했다. 그 순간 말할 수 없는 평화가 찾아오며 일주일 내내 바닥이었던 체력이 상승하는 것이 느껴졌다. 일주일이 지나 두 아이를 만났을 땐 지난주와는 달리 매우 편안한 마음이 들었다. 그 후 선미 씨는 막내가 초등학교를 졸업할 때까지 일 년에 2~3일이라도 시간을 비워 혼자만의 시간을 가졌다. 선미 씨는 이 시간을 통해 자신을 돌아보고 에너지를 충전했다. 선미 씨는 말한다. 혼자만의 시간을 갖지 않았더라면 버티지 못하고 포기하거나 쓰러졌을 거라고.

선미 씨의 사례에서도 알 수 있듯이 자신에 대한 분별력과 마음의 균형을 잃지 않고 싶다면 혼자만의 시간을 가져보라. 아무리 해도 짬이 나지 않는다면 휴식과 안정을 주는 음악을 듣는 것도 한 방법이다.

함께 근무하는 김 선생님은 이제 막 두 돌이 지난 아기의 엄마다. 워킹맘의 아침은 말 그대로 전쟁터나 다름없다. 아이를 어린이집에 맡기고 출근해야 하는 만큼 분초를 다투며 준비해도 빠듯하기 일쑤다. 겨우 시간에 맞춰 출근을 해도 쉴 시간이 없다. 학교는 학교대로 바쁘게 돌아가기 때문이다. 어느 날 김 선생님은 엄마만 졸졸 따라다니는 딸아이를 과감하게 아빠와 단 둘이 놀이공원과 시댁에 보냈다고 한다.

"아이 곁엔 꼭 엄마가 붙어 있어야 한다는 생각을 버리고 시도해 보았어요. 그랬더니 딸아이는 아빠와 더 친밀해졌고, 남편도 육아의 고단함을 공감하게 되었어요. 저는 저대로 혼자 조용히 앉아 '나'에 대해, 그리고 '엄마로서의 나'에 대해 생각했어요. 육체적으로는 물론이고 정신적으로도 매우 소중한 시간이었어요."

혼자만의 시간은 누구에게나 필요하지만, 수년간 육아라는 험난한 바다를 건너야 하는 엄마에게는 특히 더 필요하다. 늘 습관적으로 반복되는 일상에서 잠시 벗어나 나를 바라보는 시간은 엄마라는 정체성을 새로운 시각으로 바라볼 수 있게 해 주는 계기가 된다. 혼란스럽고, 위축되고, 우울하다면 자신의 마음에 귀 기울여보라. 육아와 집안일에서 벗어나 혼자만의 시간을 가는 것은 자연인인 나를 아끼고 사랑하는 시간이다. 나아가 나에게 붙어 있는 의무와 책임, 엄마라는 꼬리표까지 떼어 놓은 오롯이 혼자만의 시간은 잃어버린 자존감을 회복하는 계기가 된다.

당신 자신을
사랑하라

○

○

행복의 기준은 사람마다 다르지만 행복한 사람들의 생각에는 한 가지 공통점이 있다. 바로 '내 인생의 주인공은 나'라는 생각이다.

아이는 결코 부모가 바라는 대로 자라지 않는다. 혼자 걷기 시작하면서부터 엄마의 손길을 뿌리치고 옷도 스스로 입으려고 한다. 점점 엄마의 말을 참견이나 간섭으로 받아들인다. 그러면 '이제 내가 없어도 잘살아가겠구나.' 하고 박수를 쳐 주어야 하는데 이제 내 손길이 필요하지 않은 것 같아 섭섭하고 마음 한켠이 허전하다.

자식은 평생 부모 품에 남아 있지 않는다. 언젠가는 떠나간다.

자식을 다 떠나보낸 중년의 엄마들은 '빈 둥지 증후군'을 앓는다. 텅 빈 둥지를 지키는 어미 새처럼 우울과 상실감을 경험하는 것이다. 아이를 떠나보낸 상실감은 누구나 겪지만 건강한 부모는 그런 감정을 오래 품고 있지 않고 오히려 자유를 만끽한다. 그러나 아이에게 모든 것을 헌신하고 희생한 부모는 엄청난 감정의 회오리를 경험한다. 아이가 인생의 전부였고, 아이를 잘 키우는 것이 삶의 목표였던 만큼 자녀가 떠난 현실을 받아들이지 못하는 것이다.

가장 좋은 인간관계는 서로 종속되는 것이 아니라 건강하게 적당한 거리를 두고 각자 성장하는 것이다. 부모 자녀 관계도 마찬가지다. 아이가 부모에게 의지하거나 부모가 아이에게 기대하는 것 둘 다 건강한 관계가 아니다. 건강한 부모는 자신의 모든 것을 내어주고 희생하는 것이 아니라 적당한 시기에 물질적·정신적으로 독립해 자신의 길을 가도록 뒤로 비켜 주는 것이다. 도로시 캔 필드 피셔도 "어머니는 기대야 할 존재가 아니라 기대는 것을 불필요하게 만들어 주는 존재"라고 했다.

나는 아이 키우는 일을 버거워하는 엄마들에게 이런 말을 해 준다.

"엄마 자신을 먼저 사랑하세요."

그러면 엄마의 눈이 휘둥그레진다. 대부분의 엄마는 자신보다 아이를 먼저 사랑해야 한다고 생각하기 때문이다. 웨인 다이어는 사랑을 "좋아하는 사람이 자신을 위해 선택한 일이라면 무엇이나, 그것이 자신의 마음에 들건 안 들건 허용할 줄 아는 능력과 의지다."라고 정의했다. 그렇다면 어떻게 자신의 마음에 들건 안 들건 허용해 줄 수 있는 경지에 이를 수 있을까? 그것은 바로 '자기 사랑'이다.

엄마 자신보다 아이를 더 사랑한다고 말하는 엄마, 즉 자신보다 아이가 먼저인 엄마라면 자존감을 점검해 보라. 내가 아이를 사랑하는 만큼 아이에게 지나친 기대를 하고 무언가 대가를 바라고 있진 않은지, 내 기대에 미치지 못했을 땐 아이를 닦달하진 않는지.

부모가 자신을 먼저 사랑하면 아이도 저절로 자기 스스로를 사랑할 줄 아는 아이로 성장한다. 반면 나 자신을 소중하게 생각하지 않거나 사랑받지 못하는 존재로 여기면 다른 사람도 사랑할 수 없게 된다. 자신을 사랑하지 않는 엄마의 모습을 보고 자란 아이가 제대로 된 사랑을 배울 리 있겠는가? 게다가 다른 곳에 자아의 자리를 내 준 엄마 밑에서 자란 아이들은 게임이나 스마트폰 중독에 빠질 가능성이 높다.

엄마 스스로 끊임없이 질문하라. '나는 누구인지', '나는 무엇을 하고 싶은지', '나는 어떻게 살고 싶은지' 말이다. 이 질문에 망설임 없이 자신 있게 대답할 수 있는 엄마는 자신을 사랑하고 있는 것이다. 이런 엄마는 삶의 한가운데에 당당한 자신을 세우고 아이를 사랑하는 방법을 찾을 줄 안다.

꿈을 계속
키워가라

○

아이가 성장하는 모습을 바라보고 있노라면 절로 웃음이 난다.
엄마가 된다는 것은 말 그대로 축복이라는 생각도 든다. 하지만
많은 엄마들이 행복을 느낌과 동시에 공허함을 동시에 느낀다고
한다. 왜 그럴까?

세월이 흐르고, 시대가 바뀌었다 해도 엄마에게 요구되는 무
수한 의무와 역할은 그대로다. 아니 기대가 더 커졌다. 이제 집에
서는 물론 밖에서도 유능한 엄마가 각광받는 시대다. 슈퍼우먼은
이제 특별한 여성에게만 쓰이는 말이 아니다. 하지만 현실은 녹
록지 않다. 엄마의 역할이 단지 '엄마 노릇', '며느리 노릇', '딸 노

롯', '아내 노릇' 뿐일까? 엄마의 미래, 엄마의 꿈은 없는 걸까? 그렇지 않다. 아이도 꿈이 있듯이 엄마도 꿈을 찾아야 한다. 엄마가 아이의 꿈을 대신 할 수 없듯이 아이도 엄마의 꿈을 대신할 수 없다.

가사와 육아에만 매달리는 엄마는 아무리 노력해도 사회에서 인정받았을 때 느끼는 성취감과 만족감을 느끼기 어렵다. 어느 누구도 엄마의 자리를 인정해 주지 않기 때문이다. 게다가 아이를 돌보기 위해 전업 주부의 길을 택한 사람은 더 큰 소외감과 고립감을 느낀다. 아이가 있는데 무슨 소외감이냐고 되묻겠지만 부모와 아이의 관계는 사회적 관계가 주는 충족감을 결코 대신할 수 없다.

아이가 자라고 독립을 하면 엄마는 아이의 빈자리가 더 커 보인다. 그 빈자리는 엄마의 희생에 비례한다. 아이에게 집중하고 헌신한 만큼 아이가 떠난 자리는 그 자국이 더 선명하다. 앞에서도 말한 '빈 둥지 증후군'이다. 그러나 많은 엄마들이 다시 인생을 산다고 해도 '엄마의 생'을 선택할 것이라고 말한다. '엄마 노릇'이 힘들고 인정받지 못한다 하더라도 말이다.

이제 엄마는 부모의 관점에서 벗어나 자신의 관점에서 꿈을 실행할 수 있는 기회가 생겼다. 매일 반복되던 일상에서 남편과 아이를 채우던 존재가 아니라 자력으로 행복을 가동할 기회가 온

것이다. 자식을 다 떠나보내고 그림책의 삽화를 그리며 살다 간 동화 작가 타샤 튜더는 《행복한 사람, 타샤 튜더》에서 이렇게 말했다.

"자녀가 넓은 세상을 찾아 떠나고 싶어 할 때 낙담하는 어머니들을 보면 딱하다. 상실감이 느껴지긴 하겠지만, 거기서 벗어나 어떤 '신나는 일'을 할 수 있는지 둘러보기를. 인생은 신나는 일만 하려고 해도 다 할 수 없을 만큼 짧다."

한명순 할머니는 예순의 나이에 대학에 입학했다. 할머니는 당시 고등학교까지 졸업한 재원으로, 동화작가를 꿈꿨지만 결혼과 동시에 꿈을 포기했다. 하지만 자녀를 키우면서도 마음 한 구석엔 늘 동화작가에 대한 꿈이 자리하고 있었다. 늘 '큰애가 고등학교만 졸업하면 공부를 더 해야지.', '막내가 중학교에 올라가면 해야지.', '내 나이가 너무 많은 건 아닐까?', '애들 등록금 대기도 벅찬데 공부는 무슨…….' 등의 핑계로 그동안 계속 미루어 오다 예순이 되어서야 동화작가가 되지 못한 것은 자신의 책임이며, 환경과 주변 사람을 탓하는 것 역시 변명에 불과하다는 생각에 이르렀다. 결국 한 할머니는 몇 년간의 시험 준비 끝에 대학에 입학해 자신의 꿈을 향해 하루하루 행복한 삶을 살고 있다.

20년 넘게 부모에게 상처받은 이들을 상담해 온 임상심리학 박사이자 가족 문제 치료사인 댄 뉴하스^{Dan Neuharth}는 '부모의 치유와 성장을 위한 아홉 가지 방법'을 제시했는데, 다음과 같다.

1. 자신의 열정을 알아내고 그 열정을 추구하라.

2. 세상에 자신의 자리를 만들라.

3. 자신의 감정을 동맹군으로 삼으라.

4. 자기개념을 잃지 말고 다른 사람과 유대를 강화하라.

5. 자신을 제한하는 사고 패턴을 알아내 그것을 바꾸라.

6. 자신을 있는 그대로 받아들여라.

7. 현재에 살라.

8. 자신의 몸에 평온을 찾으라.

9. 삶과 다른 사람을 통제하려는 욕구를 줄여라.

댄 뉴하스는 사람들이 열정을 갖고 있는 무언가를 추구할 때 성장한다고 말한다. 꿈을 좇지 않고 주저하고 두려워하는 것은 세게 혹은 너무 오랫동안 자신을 붙잡고 있는 안전장치 때문일 가능성이 크다. 그러므로 위험을 감수하고 꿈꾸는 대로 살라고 조언한다. 타샤 튜더가 말한 '신나는 일'을 찾는 것이 바로 엄마의 꿈이다.

연희는 한때 아이를 키우느라 전업주부를 택하고 다니던 회사를 그만두었다. 세 아이를 키우며 매일매일 동분서주했다. 아이가 커 가는 것을 바라보는 것도 행복했지만 마음 한켠은 늘 성장에 대한 욕구로 꿈틀댔다. 결국 막내가 초등학교에 입학함과 동시에 대학원에 진학했고, 지금은 전문 강사가 되어 행복한 삶을 살고 있다.

아이를 키우는 일은 행복하고 기쁜 일임에 분명하다. 아이들에게는 엄마가 필요한 시기가 있고, 그래서 그 시기를 보내고 있는 엄마들에게 응원과 격려를 보내고 싶다. 그러나 아이는 언젠가 내 품을 떠난다. 그 순간이 닥쳤을 때 허전함과 소외감을 느끼지 않고 더 신나는 삶을 살기 위해선 꿈을 찾아야 한다. 아이에게 무한한 사랑과 애정을 쏟지만 강요하지 않는 부모, 아이가 필요로 하면 달려가지만 원하지 않을 때는 굳이 도와주지 않는 부모의 공통점은 아이를 위해 자신의 꿈을 포기하지 않는다는 것이다. 아이에게는 아이의 삶이 있고, 엄마에게는 엄마의 삶이 있기 때문이다. 그래서 남편과 아이에게 헌신하지만 내 삶도 소중하게 생각하고, 아이와 함께 하는 시간이 행복하지만 나를 위한 시간도 떼어놓는다.

부모 노릇이 자신의 모든 것을 내주면서 꿈마저 포기하는 인생이 되어서는 안 된다. 엄마의 의무에서 한 단계 나아가 더 멋진 삶, 그리고 성장하고 싶은 엄마는 꿈을 꾸라. 직장이 있는 것과 꿈이 있는 것은 다르다. 자기 삶의 주인공으로 사는 엄마를 보고 자란 아이는 부모를 생의 '긍정적인 모델'로 보게 된다. 나아가 부모를 존경할 줄 아는 아이가 된다. 엄마 역시 자존감이 높아져 더 건강하고 행복한 인생의 2막을 열 수 있다.

지금부터 준비하라. 당장 이룰 수 있는 꿈이 아니더라도 준비하고 생각하는 과정에서 행복을 느낄 수 있는 꿈을 꾸라.

행복한 엄마 되기 실천법

    행복한 엄마가 되려면 엄마로서의 자존감과 양육 효능감을 되찾아야 한다. 〈마더 쇼크〉 제작팀이 진행한 '모성 회복 프로젝트'에서 제안한 행복한 엄마가 되기 위한 몇 가지 과제를 소개한다. 하나씩 실천하다 보면 못난 엄마라는 자괴감과 스트레스에서 벗어나 나도 '괜찮은 엄마'라는 것을 느끼게 될 것이다.

1. 나의 장점을 적어 본다

    나에 대한 자부심을 갖고 다른 사람을 재평가하기 위한 것으로, 나를 비롯해 나와 중요한 관계를 맺고 있는 사람의 장점을 찾아 적어 보는 것이다. 우선 자신의 장점을 50가지 이상 쓴 뒤 남편의 장점, 아이의 장점을 각각 50가지 이상 써 본다. 이후 '친정엄마'처럼 특별히 관계를 개선하고 싶은 사람의 장점도 적어 본다.

2. 매일 규칙적으로 걷는다

    엄마로서의 자존감이나 효능감이 떨어졌을 때는 스트레스도 높은 경우가 많다. 최성애 박사는 스트레스 해소를 위해 규칙적인 운동, 그중에서도 '걷기'를 추천한다. 두 발을 규칙적으로 움직이면 뇌에서

세로토닌과 도파민이라는 호르몬이 분비되어 기분이 좋아지고 감정 조절이 한결 수월해지기 때문이다. 처음 3일은 5분씩 걷는 것으로 시작해 매일 1분씩 추가해 한 번에 35분 정도 걸을 것을 당부했다. 운동을 하고 난 뒤에는 오늘 내가 몇 분을 걸었는지, 운동을 할 때 어떤 생각이나 느낌이 들었는지를 한 줄 정도로 메모해 두면 좋다.

3. '다행일기'를 작성해 본다

하루에 세 문장을 쓰는데 첫 문장은 '난 ○○이라서 다행이다.'라고 쓰고, 두 번째 문장은 '난 ○○가 아니라서 다행이다.'라고 쓰면 된다. 세 번째 문장은 '난 비록 ○○이지만 ○○가 아니라서 다행이다.'라고 쓴다. 예를 들면 '나는 남편이 있어서 다행이다.', '나는 노숙자가 아니라서 다행이다.', '나는 큰 부자는 아니지만 빚이 없어서 다행이다.'라는 식으로 쓰면 된다. 이런 일기를 쓰면 '다행이다'라는 긍정적인 생각을 할 때마다 좌뇌의 전두엽이 활성화되면서 긍정적인 생각을 하는 회로가 생기게 된다. 긍정적인 회로가 생기려면 습관이 들어야 하는데, 습관이 되려면 최소 3주가 걸리고, 자동화되는 데는 2~3개월 정도가 걸리므로 꾸준히 쓸 것을 강조한다.

4. 하루 다섯 가지에 감사한다

스트레스를 잘 견디게 하는 데 가장 효과적인 방법이다. 하루 다섯 가지씩 감사할 것을 적되, 그중 두 가지는 자기 자신에 대한 것을 적는다. 예를 들어 '말을 잘 들을 수 있는 내가 고맙다.', '아이를 잘 키우기 위해 책을 읽은 내가 고맙다.'는 식으로 적는다. 나머지 세 가지는 타인에 대해 쓴다.

5. '두통일기'를 작성해 본다

지나친 스트레스로 인해 두통과 같은 통증이 있는 경우에 시도해 보라. 〈모성회복 프로젝트〉에 참여한 엄마들 중에는 거의 한 달에 절반 이상을 두통약 없이는 견디지 못하는 사람도 있었다. 두통을 느낄 때마다 어떤 상황에서 머리가 아파 오는지를 작성해 보면 그 상황을 미리 알고 피하거나 자신의 행동이나 생각을 어느 정도 조절할 수 있다.

5장

아이의 자존감,
이렇게 높여라

아이에게 결정권을 돌려주라

대부분의 부모는 아이가 공부를 잘해 좋은 대학에 들어가는 것을 성공이라고 생각한다. 공부를 잘하면 좋은 대학에 들어가고, 좋은 직장에 들어가 돈을 많이 벌면 성공한 것이라고 착각한다. 그래서 아이가 초등학교에 입학하면 통제를 가하기 시작한다. "선생님 말씀 잘 들어라.", "학원 빼먹지 마라.", "스마트폰 그만 해라.", "숙제하고 밥 먹어라." 등 부모의 기준에 아이를 맞추려 한다. 이 과정에서 어떤 아이는 무조건 순응하는 순한 양처럼 거부감 없이 잘 따른다. 그런 모습을 보며 부모는 순하고 착한 아이의 모습에 만족해한다.

그렇다면 우리가 '착하다', '순하다'고 말하는 아이의 자존감은 어떤 상태일까?

모든 아이가 다 그런 것은 아니지만 착하고 순한 아이 역시 자존감 형성에 마음을 놓아서는 안 된다. 보통의 아이들은 자기주장을 하고 부모에게도 적당히 반항하면서 원하는 것을 손에 넣을 줄 알지만, 착하고 순한 아이는 수동적이라서 부모가 원하는 것을 먼저 생각한다. 자신이 좋아하고 원하는 것보다 부모의 말이 먼저이기 때문에 자신의 본심을 숨기는 것이다. 이런 아이는 '자기 존중'을 할 줄 모른다. 내가 좋아하는 일보다 부모가 좋아하는 일을 하고, 내가 어떻게 느끼느냐가 아닌 부모가 어떻게 느끼느냐에 더 우선순위를 두기 때문이다. 이런 아이 역시 자존감이 낮을 확률이 높다. 자신의 내면보다 부모나 다른 사람의 평가를 믿고 자신에게 가치를 부여하지 못하기 때문이다. 그래서 소신 있는 선택이나 결정을 하지 못하고 다른 사람의 결정이나 소신을 따르는 수동적인 삶을 살게 된다. 또한 다른 사람에게 좋은 평가를 받지 못했을 땐 쉽게 좌절하고 상처를 받아 마치 자신이 가치 없는 사람인 것처럼 느낀다. 따라서 내 아이가 순하고 착하다고 기뻐할 것만은 아니다.

예전에 한 학생과 상담을 한 적이 있다.

"선생님, 저는 자신감이 부족해요. 공부를 해야 할 이유는 모르겠지만 안 하면 안 될 거 같아요. 부모님께서 기대를 많이 하시고, 신경도 많이 쓰시는데 낮은 점수가 나오면 제 자신이 한심해 보여요. 엄마가 가라는 학원에 가서 공부도 하고 엄마가 시켜서 억지로 과외도 해요. 공부하는 척이라도 해야 엄마가 실망하지 않으니까요. 그런데 왜 공부를 해야 하는지 이유를 모르겠어요. 제가 공부를 못하면 부모님도 낙심하시고 친구들도 절 무시할 것 같아요. 조그만 잘못을 해도 제가 공부를 못해서 그런다고 말할 것 같아요. 학년이 올라갈수록 공부가 점점 어려워지는데 걱정이에요."

학력이 뒤처진 아이에게서 나타나는 공통점은 자신감이 낮다는 것이다. 이 학생은 공부가 막막하다고 했다. 한마디로 자신감이 없는 것이다. 더 큰 문제는 학습 의욕이 상실된 무력감이다. 학습은 무언가를 배우는 과정인데, 그 과정을 즐기지 못하고 억지로 학교와 학원에 다니니 점점 더 무기력해지는 것이다.

이런 아이의 자존감을 높이려면 아이에게 결정권을 돌려주어야 한다. 아이가 어릴 때부터 작은 결정권을 주는 것이 중요하다. 예를 들면, '공부를 집에서 할 것인가 학원에서 할 것인가', 또는 '수학 학원에 갈 것인가, 영어 학원에 갈 것인가' 등의 문제를 결정할 때 엄마가 아닌 아이 스스로 정할 수 있도록 해야 한다.

심리학자 에릭슨^{E.H. Erikson}은 인간의 발달 단계를 8단계로 나누고, 그중 6~12세를 자신감 대 열등감의 시기로 보았다. 이때는 기초적인 인지 기능과 사회적 기능을 습득하는 동시에 또래와 어울려 또래의 문화를 배우고 적응하는 사회적 훈련을 하게 된다. 이렇게 순조로운 학습과 적응은 근면성과 성취감을 발달시키지만 학습이나 놀이에서 실패 또는 배제될 땐 부적응감이나 열등감을 느낄 수 있다. 즉 초등학교 시기에 겪은 학습에 대한 부적응은 근본적인 자아상을 해칠 수 있으므로 가능한 한 자신감을 되찾아 줄 수 있는 성취경험이 필요하다. 이런 성취경험을 맛보게 하기 위해서는 자율성, 즉 스스로 결정하는 능력을 키워 주는 것이 중요하다.

요즘 아이들은 자율성이 매우 부족하다. 하교 후 일정이 빤히 정해져 있기 때문에 '무엇을 할 것인가?', '어떻게 할 것인가?' 등을 생각할 시간이 없다. 수동적으로 움직이는 기계처럼 말이다. 이런 아이들은 혼자서는 무엇을, 어떻게 해야 할지 모른다. 초등학교 고학년임에도 불구하고 "엄마, 이제 뭐하면 돼요?"라고 묻는 아이도 많다.

아이에게 결정권을 돌려주라. 헬리콥터 맘처럼 아이 주변을 맴돌면서 치맛바람을 일으키는 일을 중단하라. 아이에게 결정권을

주면 아이는 스스로 판단하고 최선의 결정을 하기 위해 노력할
것이다. 비록 처음에는 답답하고 안쓰러워 대신 해 주고 싶은 마
음이 앞서더라도 끝까지 믿고 기다려라. 어떤 결정을 하기 위해
사고하고 판단하는 과정 자체가 중요하기 때문이다.

아이의 재능을
발견하고
키워 주라

○

○

아이들은 각자 저마다의 재능을 가지고 있다. 그 재능을 찾아 충분히 발휘할 수 있도록 도와주는 것이 부모의 임무다. 특히 엄마는 아이의 재능을 최초로 발견하고 그 재능을 꽃피울 수 있게 하는 안내자가 되어야 한다. 그것은 비싼 학원을 보내고 특별한 교육을 통해 이루어지는 것이 아니라 일상생활에서도 얼마든지 발견할 수 있다.

곤충과 동물을 좋아하는 아이는 곤충학자나 동물학자가 되면 좋을 것이다. 그런 아이에게 외교관이 되어야 한다는 부모의 욕심을 채우기 위해 영어와 중국어를 공부하라고 강요하는 것은 바람직하지 않다. 잠재능력도 없고 흥미도 없는 일에 매달리다 보면 능력과 흥미를 가지고 덤비는 경쟁자에게 밀릴 수밖에 없다. '나는 할 수 없다'는 패배감과 실망만 가득 안은 채 말이다. 그러나 반대의 경우엔 상황이 달라진다. 자신이 잘하는 일, 좋아하는 일을 하는 아이는 시키지 않아도 매달리고, 실패하더라도 다시 도전한다. 재능에 노력까지 더해지니 충분히 좋은 결과를 예측할 수 있다. 이것이 바로 엄마가 아이의 잠재능력과 호기심을 발견해 줘야 하는 이유다. 현명한 엄마는 아이가 내 꿈을 대신 실현시켜 줄 대리인이 아니란 걸 잘 안다. 무엇보다 아이에 대한 욕심을 내려놓고 한 걸음 떨어져 객관적으로 바라볼 때 아이의 잠재능력을 발견할 수 있다.

소설 《개미》로 세계적인 베스트셀러 작가가 된 프랑스 작가 베르나르 베르베르는 어려서부터 개미 탐구를 즐겨 하루 종일 개미와 놀며 시간을 보냈다. 그렇게 개미에 미쳐서 행복했던 어린 시절의 경험을 바탕으로 《개미》라는 소설을 집필하게 됐다.

자신이 좋아하는 일을 하면서 사는 것은 행복이다. 자신의 재능을 발견하지 못해 성인이 되어서도 주어진 일을 마지못해 하며 보내는 사람도 많다. 그 이유는 재능이 없어서가 아니라 발견하지 못했기 때문이다.

교육심리학자 하워드 가드너 Howard Gardner 는 '다중지능이론'을 발표해 많은 사람을 깜짝 놀라게 했다. 이 이론에 의하면 인간의 지능은 기존의 지능이론과는 달리 서로 독립적이며, 다른 8가지 종류의 능력으로 구성되어 있다고 한다. 이전까지 우리는 아이의 능력을 지능 지수, 즉 IQ로 판단해 왔다. 그러나 가드너에 의하면 재능은 단순히 한 분야의 지능으로 이루어진 것이 아니라 여러 가지가 유기적으로 얽혀 나타난다는 것이다. 그의 연구 결과는 평범한 아이들에게 새로운 기회를 열어주는 계기가 됐다. 예를 들어 이전까지는 '말은 잘하는데 친구 사이는 원만하지 않은 아이'로 평가 받았다면 다중지능이론에 의하면 '언어지능은 높으나 대인관계지능은 낮은 아이'가 된다.

가드너는 다중지능이론을 통해 8가지의 지능을 밝혀냈는데, 언어지능, 논리수학지능, 공간지능, 신체운동지능, 음악지능, 대인관계지능, 자기이해지능, 자연친화지능이 그것이다. 각 지능별 특징은 다음과 같다.

- **언어지능** : 얘기 꾸며 말하기, 소리 내어 읽기, 브레인스토밍에 대해 다른 사람보다 뛰어난 능력을 갖고 있으며 언어적 민감성이 뛰어나다. 시, 일기 쓰기, 글짓기 등의 활동을 좋아한다.

- **논리수학지능** : 숫자 계산하기, 분류하기 등 논리적 관계를 밝히거나 수학적 계산을 하는 데 뛰어나다. 숫자에 강해서 차량 번호판이나 전화번호 등도 잘 외운다. 앞뒤 상황을 논리적으로 이야기하거나 실험 등을 즐긴다.

엄마는 아이의 미래다

• **공간지능** : 학습 내용을 그림이나 그래프로 그리는 데 능하다. 시각 및 공간적 세계를 정확하게 지각해 낼 수 있으며, 색이나 선, 모양, 형태, 공간에 대한 파악 능력이 뛰어나다. 추상적인 것을 구체적인 것으로 표현하는 예술적인 면에서 뛰어난 능력을 보인다.

• **신체운동지능** : 운동 능력뿐 아니라 자신의 신체를 이용해 활동하는 능력이 뛰어나다. 운동, 손재주, 연극 등의 능력이 모두 이에 속한다. 손을 이용한 정교한 작업도 잘한다.

• **음악지능** : 박자, 음정 등의 조화를 지각하고 변형하며 표현하는 능력을 말한다. 음악 지능이 높은 사람은 언어적인 형태의 소리뿐만 아니라 비언어적인 소리에도 예민하게 반응한다. 학습 내용과 연관된 노래하기, 리듬 치기를 잘한다.

• **대인관계 지능** : 다른 사람의 기분, 의도, 동기, 감정을 지각하며 구분하는 능력이 뛰어나다. 그에 효과적으로 대응하며 다른 사람이 일을 하도록 동기를 유발한다. 친구가 많으며, 관계에서 중심에 서는 경우가 많다.

• **자기이해지능** : 자신의 내적 과정과 특성, 그리고 자신의 행동에 대한 이해 및 지식이 뛰어나다. 스스로를 통제하는 자기 통제 능력이나 자존감 등이 높은 사람이 여기에 속한다.

• **자연친화지능** : 동식물 채집을 좋아하며 이를 구별하고 분류하는 능력이 뛰어나다. 동식물과 주변 사물을 자세히 관찰해 차이점이나 공통점을 찾고 분석하기를 좋아한다. 애완동물이나 화분을 잘 기르고, 자연 관찰 프로그램에 많은 관심을 보인다.

또한 가드너는 한 가지뿐만 아니라 두세 가지 지능이 동시에 강점을 보일 수 있다는 강점지능에 대해서도 언급했다. 강점지능이란 자신 안의 여러 가지 지능 가운데 가장 뛰어난 지능으로, 남보다 뛰어난 지능이 아니라 아이의 지능 중 가장 뛰어난 지능을 의미한다. 이 강점기능은 단순한 관심과 흥미에 의해 결정되는 것이 아니라 얼마나 몰입하느냐에 따라 좌우된다.

몰입 이론으로 유명한 심리학자 미하이 칙센트미하이^{Mihaly Csikszentmihalyi}는 아이의 재능 발굴에서 가장 중요한 것을 '호기심' 이라고 본다. 강점지능과 관련된 호기심은 끊임없는 탐구를 통해 창의적인 사고를 만들어가는 토대가 된다. 그리고 자신의 호기심을 탐구하며 그 안에서 좋은 결과를 얻어 낼 줄 아는 아이는 그만큼 자존감도 높다.

아이의 재능을 발견하기 위해서는 가능한 한 다양한 분야를 접하고 경험할 수 있게 해 주어야 한다. 피아노 치는 기회를 통해 음악지능이 있는지, 그림을 그리면서 공간지능이 있는지, 대화를 나누면서 언어지능이 있는지 파악하면 된다. 아이가 그림 그리기를 좋아한다면 충분한 양의 종이와 색연필, 물감을 주어 마음껏 그릴 수 있게 해 준다. 책 읽기를 좋아하는 아이라면 도서관 열람증을 만들어 언제든 책을 빌려 보고 새로운 세계를 만날 수 있게

해 주어야 하며, 공놀이를 놓아하는 아이에게는 스포츠클럽이나 축구단에 가입시켜 새로운 자극을 주는 것이 좋다. 여의치 않을 경우 독서나 영상을 통해 간접 경험을 하게 하는 것도 방법이다. 이를 위해 부모는 아이가 보내는 신호를 잘 감지해야 한다. '호기심'이 어느 분야에서 발동하는지 유심히 살펴야 한다.

아이의 재능을 발견하고, 인정하고, 칭찬하고, 그 재능을 키울 수 있도록 지원하는 것, 이 또한 부모의 의무다. 이렇게 해서 아이 스스로 자신이 나아갈 길을 정했다면 이때부터는 규칙과 인내심을 가르쳐주며 꾸준한 연습을 할 수 있도록 도와주어야 한다. "꾸준한 훈련을 통해 작은 아이가 큰 천재가 될 수 있다."는 심리학자 안데르센 에릭손의 말처럼 유년시절에 다른 아이들보다 더 많이 연습하고 지속적으로 연습한 아이는 다른 아이에 비해 더 큰 성공 가능성을 가지고 있다.

아이의 가능성을 믿는 부모는 아이에게 긍정적인 반응을 하고, 아이가 자신의 가능성을 실현할 수 있도록 적극적인 지지와 격려를 아끼지 않는다. 아이의 능력을 북돋아주며, '너는 할 수 있다'는 확신을 심어주기도 한다. 부모의 칭찬과 격려야말로 자존감의 가장 강력한 무기다.

감정은 수용하고
행동은 제한하라

가족 상담학자 휴 미실다인^{W. Hugh Missildine}은 "어린 시절, 위로 받지 못하고 자라면 과거 내재아^{inner child of the past}는 성인이 되어서도 사람 안에 그대로 존재한다. 어린 시절은 모든 감정이나 태도와 더불어 우리의 삶이 끝나는 그날까지 실질적으로 우리를 따라다닌다."고 말했다.

감정을 표현하지 못하거나 감정을 수용 받지 못하고 자란 아이는 거칠고 엇나가는 한편 어른에게 반항적인 청소년 또는 폭력성을 가진 성인으로 자란다. 짜증이 난다는 이유로 중학생이 교사의 얼굴을 구타하고, 숙제를 해 오지 않았다는 이유로 교사가 초등학교 1학년 학생에게 체벌을 가해 전치 한 달의 상해를 입히고, 초등학교 2학년 아들을 심하게 때린 어머니가 아들에게 고소를 당하고, 울고 보채는 아이를 엄마가 때려 숨지게 했다는 등의 기사를 접할 때마다 충격과 혼란을 금할 수 없다.

우리는 신문에 기사화가 될 정도는 아니지만 종종 내 감정을 걷잡을 수 없이 쏟아내곤 한다. 특히 아이를 키우다 보면 나도 모르게 아이에게 화난 감정을 퍼붓고는 죄책감으로 괴로워 하는 날이 한두 번이 아니다. 이러한 감정 조절의 실패는 엄마뿐만 아니라 아이와 아이의 미래에까지 악영향을 끼친다는 점에서 반드시 자제할 필요가 있다.

감정을 조절하고 표현한다는 것은 성숙을 의미한다. 인간은 희로애락, 즉 기쁨, 성냄, 슬픔, 즐거움을 느끼며 살아가는 존재다. 그런데 한국의 전통적인 정서는 이들 감정을 억누르며 사는 것을 미덕으로 삼아왔다. "남자는 울면 안 되고, 여자의 목소리가 담장 밖을 넘어가선 안 된다."라는 말처럼 감정 표현에도 자연스럽지 못하다. 심지어 어린 아이가 좋지 않은 감정을 울음으로 표현하면 "뚝!, 울면 못써!"라고 감정을 단호하게 막거나 "쉿, 저기 호랑이 온다."며 거짓말로 위협하기도 한다. 이런 위협이 통하지 않을 때는 체벌을 가하기도 한다. 이런 체벌을 '사랑의 매'라고 미화

하곤 하는데, 매를 맞아본 사람은 매를 맞을 때 어떤 기분인지 알 것이다. '나는 존중받지 못하는 형편없는 사람이다'라는 생각을 넘어 때리는 사람이 누구든 그 사람에 대한 미움과 분노가 생긴다. 아이의 이런 감정을 알아차린 부모라면 아이의 행동만을 보고 때리거나 다그치지 못할 것이다.

상담학과의 전공 수업 시간, 교수가 학생들에게 물었다.
"토끼와 거북이 이야기를 읽고 무엇을 느꼈습니까?"
이에 한 학생은 "열심히 하면 빛을 보네요. 토끼처럼 건방을 떨다가는 실패하게 됩니다."라며 교훈과 깨달음에 대해 말했다.
교수는 같은 질문을 유치원생에게도 해 보았다. 대답은 "거북이는 토끼가 달리기 시합을 하자고 했을 때 깜짝 놀랐겠어요. 그리고 느림보 거북이에게 지다니, 토끼는 창피했을 거예요."라고 대답했다.
이 이야기에서 교수가 질문한 '느낀 점'은 '감정'을 말하는데 대학생은 유치원생과 달리 교훈과 깨달음으로 해석했다. 아마도 어릴 때 양육 환경 및 사회 문화에서 '감정'을 알게 모르게 무시당하고 소외당한 탓이 아닐까 생각된다.

부모라면 누구나 아이를 사랑한다고 생각하고 또 아이에게 나름대로 최선을 다한다. 그러나 부모가 아이의 마음(느낌)을 읽어

주고 공감하지 못하면 아이는 자신의 마음을 드러내지 않는다. 그런데 많은 부모가 감정 표현에 인색하다. 분노, 슬픔, 두려움, 미움 등의 감정을 드러내기보단 마음속에 숨기려 한다. 자연스러운 감정 표현이 어렵다 보니 어느 순간 감정이 통제되지 않고 아이에게 큰 상처를 주기도 한다.

아들 둘을 둔 엄마의 말이다.

"초등학교 6학년 아들은 일곱 살 동생이 자기 물건을 만지거나 가져가면 때리고 괴롭혀요. 그런 모습을 볼 때마다 속이 상해 견딜 수 없어요. 한 번만 더 동생을 때리면 그땐 쫓겨날 줄 알라며 엄포도 넣어 보지만 나아질 기색은커녕 더 심해지는 것 같아요. 그런 모습을 보면 화가 나서 흥분하고 소리칠 때가 많아요. 어떻게 해야 하나요?"

엄마는 큰애가 동생을 때리는 문제 행동만을 보고 있는데, 그보다는 그런 행동을 하게 된 원인이 되는 감정을 읽어줘야 한다. 만약 이 상황에서 큰아이에게 야단을 치면서 "넌 누굴 닮아서 이 모양이니?", "엄마는 너 때문에 속이 상해 못살겠다." 등의 말을 하면 아이는 더욱 엄마가 자신을 미워하고 싫어한다는 감정에 사로잡히게 된다. 6년 터울로 태어난 동생에게 사랑을 빼앗긴 것도 억울한데 아끼는 물건을 어린 동생이 함부로 만지니 화가 나는 것은 당연하다. 아이는 감정을 행동으로 표현한다. 큰아이가 동생을 때리고 괴롭히는 것은 '나 지금 화났어요'라는 감정에 빠진 자신을 도와달라는 메시지다. 이럴 땐 "수민아, 동생이 네 물건을 만져서 화났어? 그래도 때리면 안 돼. 때리지 말고 엄마한테 도와달라고 해. 엄마가 도와줄게."라고 말하는 것이 바람직하다. 아이는 자신의 '화난 감정'을 존중해 주기만 해도 자신이 이해받았다고 생각해 금방 감정을 추스르고 안정을 찾는다.

동생을 대하는 자세도 중요하다. 큰아이가 보는 데서 "영민아, 형 물건을 함부로 만지면 형이 화가 나. 갖고 싶으면 형한테 만져도 되냐고 물어보아야 해."라고 말하는 것이 좋다. 존 가트맨과 최성애 박사는 《감정코칭》에서 이렇게 조언했다.

"감정을 거부당하거나 무시당하는 일이 많을수록 아이는 자존감이 떨어진다. 결국 자신과 남을 신뢰하거나 존중하지 못하기 때문에 함부로 행동하며, 지나치게 소심하거나 또는 충동적인 언행을 하다가 더욱더 큰 꾸지람을 듣게 된다. 같은 상황에서 똑같이 스트레스를 받지만 건강하게 생활하는 아이도 많다. 이런 아이들은 대부분 어릴 때부터 자신의 감정을 인정받은 경험이 풍부하여 자존감이 강하고, 감정을 잘 처리해 스트레스가 쌓이지 않도록 조절할 수 있다."

최성애 박사에 의하면 "사람에게 감정은 날씨와 같이 자연스럽게 나타나며 비나 눈이 좋고 나쁜 게 아니듯이 좋은 감정과 나쁜 감정은 없다. 단, 느껴지는 감정 이후에 나타내는 행동에는 좋고 나쁨이 있다. 화(감정)가 나더라도 남을 폭행하는 행동은 바람직하지 않다. 따라서 자연스러운 감정은 받아주되 (느끼도록 허락하되) 바람직한 행동이 나오도록 선도해야 한다."고 언급했다.

결국 감정을 수용하고 받아주면 자존감이 높아지고 감정을 인정받은 경험이 적으면 자존감이 낮아진다고 할 수 있다. 하지만 무조건 감정을 받아주는 것만으로는 충분하지 않다. 아이 스스로 어떻게 행동해야 하는지 알 수가 없기 때문이다. 이럴 땐 행동의 한계를 정해 줘야 한다. 위의 예처럼 아이의 화가 난 감정은 수용하고, 동생을 때리면 안 되며 그런 상황에서는 엄마에게 도움을 청해야 된다는 것을 명확하게 말해 주면 된다.

부모에게 감정을 이해 받고 인정 받으며 자란 아이는 당당하다. 이 과정에서 부모와 자식 간에 친구 이상의 친밀감이 형성되기도 한다. 이에 더해 아이의 행동에 한계를 명확하게 해 주면 자존감까지 높은 아이로 키울 수 있을 것이다.

성공경험을 많이 갖게 하라

자존감은 어느 날 갑자기 하늘에서 뚝 떨어지는 것이 아니라 경험하고 깨닫는 과정에서 자란다. 로댕은 "경험을 현명하게 사용한다면, 어떤 일도 시간낭비가 아니다."라는 말로 경험의 중요성을 강조했다. 경험은 세상을 살아가는 중요한 자원이므로 가능하면 다양한 경험을 하는 것이 좋다. 게다가 아이들은 직접 경험을 통해 배운 것은 더 잘 받아들이는 경향이 있다. 비록 작은 경험이라도 아이 스스로 하게 하다 보면 큰 성취의 토대가 된다. 그러므로 가능한 한 아이가 자기 자신에 대한 긍정적인 경험, 즉 성공경험을 할 수 있도록 만들어 주는 것이 중요하다. 이렇게 하다 보면 나는 할 수 있다는 긍정적인 마음에 자신감과 도전 의식까지 더

해져 잠재능력을 계발하는 데도 도움이 된다.

아이 스스로 성공경험을 이끌어낼 수 있도록 하는 것도 중요하다. 성공이라 해서 어렵거나 거창하게 생각할 필요가 없다. 친구들과의 축구 시합에서 골을 넣거나 슈팅 기회를 갖는 것도 성공경험이고, 그림 그리기 대회에서 상을 받는 것도 성공경험이다. 받아쓰기 시험에서 지난번엔 60점을 받았는데 이번엔 70점을 받았다면 이 또한 귀중한 성공경험이 된다.

그런데 이러한 성공경험에 대해 주위에서 어떤 메시지를 주느냐에 따라 자존감에 영향을 미친다. 예를 들면 받아쓰기 시험에서 60점을 받았던 아이가 70점을 받아 왔을 때 엄마의 반응은 기대 수준에 따라 다르기 마련이다. 100점을 기대했던 엄마는 "겨우 70점을 맞아 놓고 뭐가 좋아서 그러니? 네 친구 유정인 이번에도 100점 받았다지?"라고 할 것이다. 하지만 아이가 자신의 목표를 이룬 것에 의미를 두는 엄마의 반응은 다르다. "지원아, 목표를 이루기 위해 열심히 노력하더니 정말 해냈구나. 잘했어. 엄마도 참 기쁘구나."라며 아이의 성공경험에 대한 기쁨을 함께 나눈다. 이처럼 작은 것이라도 성공경험을 많이 가지게 하려면 아이가 이룬 결과보다 과정을 칭찬하는 일이 중요하다. 그래야 실패하더라도 다시 도전할 용기를 얻게 된다. 이렇듯 엄마의 반응 메시지는 아이의 자존감 형성에 큰 영향을 미친다.

1997년 12월, 남아프리카공화국의 메둔사 병원에서는 잠비아의 샴쌍둥이 조셉과 루카 반다를 분리하는 수술이 진행됐다. 무려 이틀간에 걸쳐 진행된 수술은 다행히도 성공했고, 이와 관련된 기사는 전 세계인의 관심을 끌었다. 수술을 집도한 건 미국 존스홉킨스 아동센터의 벤자민 카슨 박사와 케이스 고 박사가 주축이 된 의료팀이었다.

벤자민 카슨 박사는 미국 디트로이트의 범죄와 가난과 마약에 찌든 빈민가에서 태어났다. 벤의 어머니는 이혼 후 혼자서 두 아들을 키우느라 밤낮을 쉬지 않고 일했다. 어려운 살림에 일까지 하다 보니 아이들을 돌볼 시간이 없었다. 아이들은 학교에서 돌아오면 온종일 텔레비전을 보거나 노는 게 전부였다. 숙제를 해 간 적이 한 번도 없었다. 어느 날 카슨의 어머니는 아이들을 불러 매일 도서관에 가서 책을 읽을 것을 권유했다.

벤이 6학년이던 어느 날, 과학 선생님이 수업 시간에 돌덩어리를 들고 들어왔다.

"이 돌의 이름을 아는 사람 있나요?"

아무도 대답하는 학생이 없었다. 그때 벤이 손을 번쩍 들었다. 도서관에서 읽은 한 사진책에서 그 돌을 본 적 기억이 났다.

"흑요석이요. 흑요석은 화산이 폭발한 이후에 형성됩니다. 용암이 산에서 흘러내리고 물에 닿게 될 때……."

벤의 대답에 선생님은 물론 친구들까지 모두 깜짝 놀랐다. 아마 벤이 가장 놀랐을지도 모른다. 이 일을 계기로 자신감이 붙은 벤은 학교생활이 즐거웠다. 더 이상 자신을 놀리지 않고 부러운 눈으로 바라보는 친구들의 모습에 더욱 신이 났다. 이 날 정답을 맞힌 성공경험은 벤에게 자신감을 주었음은 물론 자존감까지 높여 주었다. 이후 벤은 더욱 학업에 매진해 예일대에서 장학생으로 의학공부를 하게 되었고, 마침내 세계적인 의사가 되었다.

작은 성공경험 하나가 아이의 자존감을 높이고 미래까지 바꿔 놓은 사례다. 그런데 성공경험만큼 중요한 것이 실패경험이다.

소연의 엄마는 초등학교 5학년인 딸이 3학년 동생과 나누는 대화를 듣고 깜짝 놀랐다. 한 장 재밌게 레고 놀이를 즐기던 소연이가 동생에게 "내가 하는 것이 그렇지 뭐. 난 잘하는 게 별로 없어. 소민아 네가 좀 해 볼래?"라고 하는 말을 들은 것이다. 그것은 소연 엄마가 소연에게 자주 하던 말이었다. 순간 소연 엄마는 무언가로 머리를 한 대 맞은 듯한 기분이 들었고, 그동안 자신이 소연에게 했던 말을 되돌아보게 되었다.

이처럼 엄마가 아이에게 무의식적으로 내뱉는 말 한마디가 아이가 자신의 능력을 의심하고 의기소침하게 만들 수 있다. 부모가 아이에게 성공경험을 만들어 주지 못했거나 실패했을 때 그 실패를 통해 배울 수 있는 기회를 만들어 주지 못했다는 반증이다. 《아이의 자존감》에서 정지은·김민태는 이렇게 고언했다.

"아이에게 자존감을 심어줄 때 가장 중요한 것은 성공에 대한 경험이다. 아이에게 수행해야 할 과제가 있고, 스스로 노력해서 마침내 해결했던 경험, 자신이 이뤄놓은 결과에 대해 부모로부터 칭찬을 듣고 스스로도 자신을 뿌듯하게 생각했던 경험, 이런 것들이 아이의 성장 과정 속에서, 일상적으로 이루어져야 자존감이 높은 아이가 되는 것이다. 무엇보다 아이에게는 '나는 이길 수 있다', '나는 잘해 낼 수 있다'는 자신감이 무엇보다 필요하다. 아이가 시작도 해 보지 않고 미리 승패를 예측해 '나는 질 것'이라고 생각하면 질 수밖에 없다."

사람은 저마다 잘하는 것이 있다. 아이도 마찬가지다. 자신이 잘할 수 있고 진정 하고 싶은 일을 할 때 집중하고 몰입하게 되어 성공경험이 높아진다. 성공경험이 높아지면 자신감이 붙는다. 이 때 부모의 역할은 아이의 재능을 격려하고 앞으로도 잘할 것이라는 기대와 칭찬을 해 주는 것이다. 성공경험이 자존감을 높이고, 자존감이 높으면 성공경험이 높아진다는 것을 명심하라.

아낌없이 칭찬하고
끊임없이 격려하라

지중해 키프로스 섬에 피그말리온이라는 조각가가 살고 있었다. 그는 아름다운 여인상을 조각하고 있었는데, 어느 날 자신이 그 조각상을 사랑하고 있음을 깨달았다. 그날 이후 조각가는 매일 조각상을 향해 사랑을 고백했다. 그의 진심에 감동한 아프로디테 여신은 조각상에 영혼을 불어넣어 줬고, 결국 그 조각상은 아름다운 여인이 되었다.

《그리스 로마 신화》에 나온 이 이야기에서 '피그말리온 효과 Pygmalion Effect'라는 말이 탄생했다. 피그말리온 효과는 타인의 기대나 관심을 받았을 때 그것에 부응하기 위해 노력하고 그로 인해 능률이 오르는 현상을 말한다. 지금까지 학교에서 아이들을 관찰한 결과에 의하면 어릴 때부터 부모의 긍정적인 지지와 칭찬을 받고 자란 아이는 그렇지 않은 아이들에 비해 더 행복한 경향이 높다. 칭찬은 아이에게 긍정적인 행동과 사고를 하도록 하는 촉매제인 동시에 아이에게 있어 부모의 칭찬보다 좋은 활력제는 없기 때문이다.

또한 아이가 도움을 요청했을 때는 아무리 바쁘더라도 "무슨 문제가 있니?"라며 아이와 함께 노력하겠다는 관심을 보여야 한다. 만약 아이의 도움 요청을 거절한다면 아이는 자신이 사랑 받지 못한다고 느껴 사소한 일에도 쉽게 상처를 받고 자신감이 부족한 아이로 자라게 된다. 유대인 부모는 주방에서 일을 하다가도 아이가 다가오면 하던 일을 즉시 멈추고 아이의 말을 들어 준다고 한다. 아무리 바쁘더라도 아이보다 더 중요한 일은 없다는 생각에서다.

"칭찬하려고 눈을 씻고 보아도 칭찬할 거리가 없어요. 집에 오면 텔레비전이나 스마트폰만 들여다보고 공부하는 꼴을 못 봐요. 학원 갔다 오면 그걸로 끝이에요. 알림장 들여다볼 생각도 안 하고, 매일 동생이랑 싸우기나 하고, 엄마가 뭐라고 하면 잔소리 듣기 싫다고 문 쾅 닫고 방으로 들어가요."

"칭찬하려고 해도 어떻게 칭찬해야 할지 모르겠어요. 잘한다고 하면 가뜩이나 산만한 아이가 더 들뜰까 봐 걱정돼 자꾸 야단만 치게 돼요."

이렇게 말하는 엄마들이 종종 있는데, 이런 경우엔 먼저 아이와의 관계를 돌아보아야 한다. 엄마와 아이가 긍정적인 친밀감을 형성하는 것이 우선이기 때문이다. 그러려면 아이와 공감할 수 있는 대화를 해야 한다. 아이와 공감하는 대화를 하라고 조언하면 어려워하는 엄마가 있는데, 어렵지 않다. 기대치를 낮추고 아이의 눈높이에서 바라보면 된다. 완벽한 부모가 없듯이 아이 또한 완벽하지 않음을 기억해야 한다. 완벽하게 무엇을 해 냈을 때 칭찬하는 것이 아니라 조금이라도 노력하는 모습을 보일 때 칭찬하면 된다. 기대와 눈높이를 낮추면 아무리 부족한 아이라도 긍정적인 모습이 보이게 마련이다.

아이들은 칭찬을 받으면 칭찬한 사람에게 부응하려는 생각에 더 잘하려고 한다. 만약 아이가 먼저 내일 과제와 준비물을 챙기고 있다면 "내일 준비물을 미리 챙기고 있구나. 엄마가 말하지 않아도 스스로 하는 모습을 보니 참 기특하구나."라고 말해 주면 된다. 글씨를 성의 없이 쓰던 아이가 또박또박 쓰는 모습을 보면 "와, 우리 아들 글씨체가 아주 좋아졌구나. 보기도 좋고. 네가 노력하는 모습을 보니 정말 기쁘구나."라고 말해 주면 된다.

"기특하구나."

아이는 어려운 상황에서 부모가 자신을 지지해 준다는 생각만으로도 정을 느낀다. 특히 엄마가 자신을 칭찬할 때 사랑받는다는 느낌이 증폭되므로 아무리 작은 일, 작은 성장이라도 칭찬해 주는 것이 중요하다. 그런데 칭찬을 할 때도 요령이 있는데, 그 방법은 다음과 같다.

첫째, 구체적으로 칭찬하라. 막연하게 "착하구나."라고 하기보다 "엄마를 도와주어서 고마워."라고 하는 것이 효과적이다.

둘째, 지나치게 자주 칭찬하는 것을 주의하고, 능력보다 노력을 칭찬한다.

셋째, "머리가 좋아서 시험을 잘 봤구나."라며 두뇌를 칭찬하는 것은 좋지 않다.

넷째, 결과를 칭찬하지 말고 과정을 격려하라.

또 한 가지, 칭찬만큼 중요한 것이 격려다. 칭찬은 일의 결과가 좋거나 어떤 성취를 이루어냈을 때 "정말 잘했어."라고 평가하는 것이고, 격려는 일의 결과가 좋지 않거나 어떤 성취를 이루어내지 못했을 때도 "괜찮아, 다음에 다시 도전하면 잘할 수 있을 거야."라며 힘과 용기를 불어넣어 주는 것을 말한다. 말하자면 칭찬은 행위에 초점을 맞추는 것이고, 격려는 행동한 사람에게 초점을 맞추는 것이다. 칭찬이 결과에 초점을 둔다면 격려는 과정에 초점을 둔다. 격려를 받으면 아이는 실패와 좌절을 딛고 다시 해 보겠다는 의욕을 갖게 된다.

아인슈타인은 아홉 살이 될 때까지 말이 서투른 아이였다. 담임선생님조차 "이 아이는 어느 한 분야에서도 성공할 확률이 없습니다."라고 냉혹한 평가를 할 정도였다. 하지만 그의 어머니는 지적 능력이 또래보다 낮은 아들에게 최선을 다했다. 여섯 살 때부터 바이올린을 가르쳤고, 그 결과 배운 지 7년 만에 그는 모차르트의 작품이 가진 수학적 구조를 깨달았다.

"아들아, 너는 남다른 재능이 있기 때문에 나중에 훌륭한 사람이 될 거야."

아들이 힘들어할 때마다 어머니는 끊임없이 격려하며 힘을 북돋워 주었고, 결국 아인슈타인은 1921년 노벨물리학상 수상자가 되었다.

원석 상태의 다이아몬드는 빛나지 않지만 갈고 닦으면 보석이 된다. 아이는 원석과 같다. 관심과 칭찬, 그리고 마음을 담은 격려가 아이를 다이아몬드로 만든다. 칭찬과 격려는 아이의 자존감을 키우는 최고의 보약이다.

결과보다
과정의 중요함을
알게 하라

○

○

"우리 애는 평소에도 열심히 공부하고 시험 기간에도 죽어라 공부하는데 결과는 항상 실망스러워요. 꼭 대여섯 개씩 꼭 틀려요. 머리가 나쁜 건가요? 다른 애들은 적당히 해도 올백도 맞고 그러던데 속상해 죽겠어요."

초등학교 4학년 민기 엄마의 푸념이다. 민기의 아빠는 대기업 직원이고, 엄마는 학습지 교사를 하고 있다. 교육에 대한 남다른 열정을 가진 부모가 외아들인 민기에게 거는 기대는 크다. 민기 엄마는 자신의 기대에 미치지 못하는 아들에 대해 불평을 하며 속상해한다.

“민기 아빠도 그렇고 저도 그렇고 학교 다닐 때는 늘 우등상을 탔는데, 민기는 아무리 공부를 시켜도 올백 한 번 못 받네요. 고학년이 되면 더 어려워질 텐데 답답해 죽겠어요. 어떻게 해야 하나요?”

나는 민기 엄마에게 이렇게 조언했다.

“어머님, 저는 시험 결과보다 공부 과정이 더 중요하다고 생각해요. 민기가 공부하는 과정에서 얻는 인내심과 노력이 더 값지지 않을까요? 결과가 중요하다면 아이는 시험을 칠 때마다 실망하고, 자신감은 점점 줄어들 것입니다. 하지만 결과보다 과정을 중시한다면 몇 개를 틀리든 크게 동요하지 않게 됩니다. 단지 자신이 어떤 과목에 약한지, 또 어떤 단원이 부족한지 참고하게 되지요. 부모님이 시험 결과를 가지고 아이에게 부담을 주거나 실망하게 되면 아이도 부모님을 기쁘게 해야 한다는 부담이 들고, 그것이 스트레스로 작용해요. 이런 일이 반복되면 아이는 시험을 싫어하게 되고, 자신감은 물론 자존감도 점점 낮아지겠죠.”

민기 엄마처럼 시험 결과만을 가지고 아이를 닦달하는 모습을 보면 내 마음이 더 답답해진다.

〈토끼와 거북이〉 이야기는 누구나 알 것이다. 거북이가 인정 받는 이유는 달리기를 잘하진 못해도 꾸준히 달렸기 때문이다. 거북이는 토끼가 자신보다 더 잘 달리는 것을 알고도 도전할 만큼 자아상이 긍정적이었다는 것을 알 수 있다. 반면 토끼는 객관적으로는 거북이보다 빨랐을지 몰라도, 즉 재능은 뛰어났어도 노력이 부족해 시합에서 지고 말았다. 이처럼 '나는 잘할 수 있다'는 자아효능감이 뛰어난 아이는 주어진 과제에 도전하고, 그 과정에서 어려움이 있어도 포기하지 않는다.

"학교에서 1, 2등 하던 우등생은 다 교사가 되어 있고, 뒤에서 1, 2등 하며 신나게 놀던 아이는 사장이 되어 있다."는 농담 반 진담 반 이야기가 있다. 공부를 강요하고 좋은 성적을 내기를 바라는 부모의 욕심은 버려야 한다. 왠지 모르게 희망을 주는 말이다. 아이가 어떤 일을 하든지 결과보다는 과정에 최선을 다하는 아이로 만들어야 한다. 하다못해 아이가 설거지를 하다 그릇을 깨도 엄마의 수고를 덜어주려 한 마음을 칭찬하면 된다.

아무리 애써도 마음대로 되지 않는 것이 자식이다. 그러니 아이에게 좋은 결과만을 강요하지 말고 자율성을 존중하라. 사랑받아 본 사람만이 사랑할 수 있다는 말처럼, 존중받아 본 사람만이 존중할 수 있다. 아이는 부모에게 존중받아야 자신을 아끼고 사랑할 수 있으며, 그 과정에서 자존감도 높아진다. 세상에 노력보다 더한 가치는 없음을 아이에게 가르치는 현명한 부모가 되자.

아이의 자존감
다치지 않게 혼내는 법

아이의 자존감을 높여준다고 무조건 칭찬하는 것은 좋지 않다. 아이가 잘못된 행동을 했을 때는 감정이 상하지 않게 잘못된 행동을 지적하는 것도 필요하다. 아이의 자존감이 상하지 않게 혼내는 법을 알아보자.

첫째, 아이의 인격을 무시하지 않는다

혼을 낼 때는 잘못된 행동에 대해서만 지적해야지 인격을 무시하는 말을 해서는 안 된다. 예를 들어 동생을 때렸을 때 동생이 때린 행동이 잘못되었다는 것을 지적해야지 '너는 나쁜 아이'라는 인식이 들게 해서는 안 된다.

둘째, '나 메시지'로 의사를 전달한다

'나 메시지'를 활용하여 엄마의 마음이 상하고 화가 났음을 알리고 해결책도 분명하게 제시한다. 예를 들어 아이가 뻔한 거짓말을 했을 때 "벌써부터 거짓말이나 하고, 커서 뭐가 될래?"라고 하기보다 "엄마는 네가 거짓말을 하면 화가 나. 혼이 나더라도 정직하게 말해 주면 좋겠어."라고 말한다.

셋째, 다른 사람과 비교하지 않는다

"네 친구 혁이 봐라. 걔는 늘 책만 본다더라. 너는 도대체 왜 만날 게임만 하는 거니?"라는 말은 아이의 능력을 남보다 아래에 두는 것이다. 이런 말을 들은 아이는 자존감에 상처를 입을 수밖에 없다. 부모는 아이에게 본보기를 제시하기 위해서지만 아이는 부모가 자신의 존재를 부정하는 것처럼 느껴질 수 있다.

넷째, 지난 일은 들추지 말고 지금 일에 대해서만 혼낸다

"저번엔 유리를 깨더니 오늘은 꽃병이니? 도대체 조심성이 없어."라고 야단 치는 것은 아이의 수치심과 열등감을 자극하여 부모에게 적대 감정을 갖게 만든다. 야단을 칠 때는 지난 일을 들추지 말고 지금 일어난 일에 대해서만 말해야 한다.

다섯째, 존재를 부정해서는 절대 안 된다

"아유, 차라리 네가 없어져 버렸으면 좋겠어. 저리 가. 꼴도 보기 싫으니."라는 말은 아이에게 크나큰 상처를 남기므로 절대 해서는 안 된다. 이 말을 들은 아이는 자신의 존재 가치를 의심하게 된다.

엄마는 아이의 미래다